U0382597

"十三五"国家重点图书出版规划项目

投入占用产出技术丛书

基于投入占用产出分析的
水资源管理关键问题研究

刘秀丽　陈锡康/著

科 学 出 版 社

北　京

内 容 简 介

本书围绕我国"十二五"期间水资源管理的核心目标与要求,从水资源开发利用、用水效率、水资源配置与价格计算、水环境四个方面介绍了作者的最新研究进展。对我国用水总量进行了因素分解分析和预测;建立了行业用水效率变化的多因素分解分析模型,评价和计算了分行业的用水效率及节水潜力;建立了水资源的优化配置模型、5类用水影子价格的计算与预测模型并予以应用;建立了废水排放量的预测模型并予以应用等。基于研究结果,在提高用水效率、水价改革等方面提出了相关建议。

本书具有较强的科学性、知识性、方法性和资料性,可作为水资源管理及相关专业本科生及研究生的教学用书,也可供从事水资源评价、规划、调度与管理的科研或管理人员使用和参考。

图书在版编目(CIP)数据

基于投入占用产出分析的水资源管理关键问题研究/刘秀丽,陈锡康著. —北京:科学出版社,2016.8

(投入占用产出技术丛书)

"十三五"国家重点图书出版规划项目

ISBN 978-7-03-045055-5

Ⅰ. 基… Ⅱ. ①刘…②陈… Ⅲ. ①水资源管理—研究 Ⅳ. ①TV213.4

中国版本图书馆 CIP 数据核字(2015)第 131798 号

责任编辑:马 跃 徐 倩/责任校对:张 红
责任印制:霍 兵/封面设计:无极书装

科 学 出 版 社 出版

北京东黄城根北街 16 号
邮政编码:100717
http://www.sciencep.com

新科印刷有限公司 印刷

科学出版社发行 各地新华书店经销

*

2016 年 8 月第 一 版 开本:720×1000 1/16
2016 年 8 月第一次印刷 印张:8 1/4
字数:166 000

定价:58.00 元

(如有印装质量问题,我社负责调换)

丛书编委会

（按姓氏拼音排序）

总　　序

投入产出技术是数量经济学研究以及宏观经济管理中广泛使用的数量分析工具之一，以能够清晰地反映国民经济各部门间错综复杂的经济关联关系著称。近几年，在国际贸易、资源环境等热点问题的研究中投入产出技术得到越来越多学者的重视和使用。很多以投入产出模型为分析工具的文章发表在国际顶级期刊上。当前国际上很多知名的贸易增加值数据库（如经济合作与发展组织的 TiVA 数据库）背后的核心测算工具均为投入产出模型。由于在经济结构分析与产业关联关系研究方面的优势，投入产出技术在今后若干社会经济问题研究中仍将发挥不可替代的作用。

投入占用产出技术在传统的投入产出技术基础上进一步考虑了经济系统中生产部门对各种要素、资源存量的占用，是对投入产出技术的重要发展。投入占用产出技术由中国科学院数学与系统科学研究院陈锡康研究员于 20 世纪 80 年代提出。当时，陈锡康等受中央有关部门的委托进行全国粮食产量预测研究，为此编制了中国农业投入占用产出表。在编制过程中发现耕地和水资源在粮食生产中具有重要作用，但在传统投入产出技术中完全没有得到反映，进而发现固定资产、劳动力等在投入产出技术中也基本没有得到反映，由此提出了"投入占用产出技术"。

三十余年来投入占用产出技术得到了空前的发展，我国已有三十余位青年学者由于从事投入占用产出技术研究获得管理科学与工程博士学位。投入占用产出技术已成功地应用于全国主要农作物（粮食、棉花和油料）产量预测、对外贸易、水利、能源、就业、政策模拟、影响分析、收入分配等领域。相关研究成果发表论文一百余篇，多次获得国家领导人的重要批示，曾于 2006 年获首届管理学杰出贡献奖、2003 年获首届中国科学院杰出科技成就奖、2008 年获第十三届孙冶方经济科学论文奖、2009 年获大禹水利科学技术奖一等奖、2011 年获国家科技进步奖二等奖、1999 年获国际运筹学进展奖一等奖等诸多奖项。投入占用产出技术也曾获得国际上部分著名学者，如美国科学院院士 Walter Isard、诺贝尔奖金获得者 Wassily Leontief 教授、澳大利亚昆士兰大学教授 R. C. Jensen 和 A. G. Kewood 等的好评。其认为"投入占用产出分析令人极为感兴趣"和"远比标准的投入产出分析好"，是"非常有价值的发现"，是"先驱性研究"，"投入占用产出及完全消耗系数的计算方法是我们领域的一个非常重要的发明和创新"。

虽然投入占用产出技术已成为投入产出领域的一个重要研究方向，但是有关投入占用产出技术及其应用研究的书籍并不多见。中国科学院数学与系统科学研究院陈锡康研究员、杨翠红研究员等已于 2011 年出版《投入产出技术》教材，该书的系统性、权威性都得到了众多从事投入产出教学的学者的好评。在此基础上，我们一直在思索如何进一步地在高校、科研部门、政府部门、企业等拓展投入占用产出技术的研究与应用工作，满足社会各界对宏观经济数量模型的需求。在反复酝酿、不断尝试的基础上，我们决定，与投入产出学界的同仁共同编写、出版一套介绍投入占用产出技术及其应用的丛书。

这套丛书是我们对投入占用产出技术的总结和推广，希望它的出版有助于促进投入产出和投入占用产出技术的蓬勃发展。这套丛书力求体现以下特点。

第一，在丛书内容的编排上，主要介绍投入占用产出技术的理论与应用。选材既包括投入占用产出技术的理论研究，又包括近些年来投入占用产出技术在不同领域的应用介绍，主要包括农业、对外贸易、水资源、能源、就业、政策模拟分析、收入分配等方面。尽管内容包括了宏观经济的众多方面，但是并不求大、求全，而是力求精选。

第二，在每本书的内容和写作方面，注意广泛吸收国内外的优秀科研成果。丛书力求简明易懂、内容系统和实用，注重对宏观经济建模思想的阐述，并结合实证研究说明投入占用产出技术的特点及应用条件。

这套丛书是我国投入产出学界众多学者集体智慧的结晶。我们期望这套丛书的出版将对投入产出分析与投入占用产出技术学科的进一步发展及其在国民经济各领域的更为广泛的应用起到重要推动作用，并希望能够吸引更多学者加入投入产出分析的研究领域。

这套丛书由陈全润、蒋雪梅和王会娟进行组织和编辑工作，我们对他们的辛勤劳动表示衷心感谢！

前　　言

我国水资源严重短缺，且水污染和水浪费严重。2011年中央一号文件《中共中央　国务院关于加快水利改革发展的决定》首次对水利工作进行全面部署，开篇指出"水是生命之源、生产之要、生态之基。兴水利、除水害，事关人类生存、经济发展、社会进步，历来是治国安邦的大事"。为具体落实该文件，2012年国务院发布了《国务院实行最严格水资源管理制度的意见》，明确水资源最严格管理的"三条红线"。2013年国务院办公厅以国办发〔2013〕2号文件公开印发了《实行最严格水资源管理制度考核办法》。2013年党的十八届三中全会将水资源管理、水环境保护、水生态修复、水价改革、水权交易等纳入生态文明制度建设的重要内容。2014年年初，水利部、国家发展和改革委员会（简称国家发改委）等十个部门联合印发了《实行最严格水资源管理制度考核工作实施方案》，这标志着我国最严格水资源管理制度考核工作全面启动，是国务院为加快落实最严格水资源管理制度做出的又一重大决策。

党中央、国务院一系列政策文件的出台，把水资源管理工作提到了前所未有的战略高度。这一系列意见和考核办法的推进落实过程中，面临着水资源管理的定量分析、评价、预测、政策仿真等方面的诸多问题，对我国的水资源管理研究提出了新的迫在眉睫的挑战。在这种背景下，研究需水量预测、用水效率评价、水资源最优配置、水资源影子价格计算等水资源管理中的核心问题，是响应党中央、国务院重大决策部署的具体行动。对水资源的合理、高效、安全与可持续利用，促进我国实现经济社会与资源环境协调发展具有重要意义。

水资源管理涉及众多因素，既有自然因素，也有人口状况、社会制度、文化教育等社会因素。在全球气候变暖和经济全球化的背景下，我国人口的增长、城市化进程和工农业经济发展速度的加快，使社会、经济和环境发展与水资源管理之间的互动影响关系更加密切和复杂。水资源管理已成为直接关系到人类的食物安全、经济安全、生态安全、社会安全和国家安全,乃至人类生存安全的具有基础性、全局性和战略性的重大问题。研究如何采取科学合理的水资源管理策略,系统有效地解决经济社会发展中的各类水问题,以确保经济社会安全,具有重大的理论价值。

本书是作者立足于中国水资源管理发展现况和国家战略需求,借鉴和吸收当前最新研究成果,在近七年的研究工作基础上,归纳总结而成的一部著作。本书从中国水资源开发利用、用水效率、水资源配置与价格计算、水环境四个方面介绍了作者在水资源管理研究领域的最新成果。本书共分 9 个章节的内容。第 1 章介绍了中国与全球水资源整体状况。第 2 章是中国用水总量变动影响因素的结构分解分析研究。第 3 章是中国用水总量预测研究。第 4 章是分行业用水效率和节水潜力研究。第 5 章是分行业用水效率变化的多因素分解分析模型研究和应用。第 6 章是水资源在产业部门间的优化配置研究。第 7 章是水资源影子价格的计算与预测研究。第 8 章是中国废水排放量的预测研究。第 9 章是主要研究结论与建议。研究方法的特点是多学科交叉,涉及管理科学、系统工程、数学、经济学、统计学、水资源、农业和科技等学科。

本书由中国科学院数学与系统科学研究院的刘秀丽研究员和陈锡康研究员所著。刘秀丽负责各章内容的撰写与统稿。该院毕业的硕士张标参与了第 2 章、第 3 章、第 4 章和第 6 章的撰写、邹庆荣参与了第 1 章和第 2 章的撰写、孔亦舒参与了第 1 章和第 8 章的撰写、邹璀参与了第 7 章的撰写。全书由刘秀丽与陈锡康审阅定稿。编写本书的所有人员都投入了大量时间和精力,在此表示衷心感谢!

本书的研究工作得到了国家自然科学基金(No. 70701034,No. 71173210,No. 61273208,No. 71473244)、水利部重大项目"水利与国民经济协调发展研究"、中国科学院知识创新工程重大项目(KSCX-YW-09)、中国科学院知识创新工程重要方向性项目(KJCX2-YW-S8)等的资助和支持,在此表示衷心感谢!

在本书的出版过程中,科学出版社马跃编辑、徐倩编辑提出了许多建议,在此向他们表示衷心感谢!还要特别感谢给予作者长期支持、指导和帮助的一大批相关领域著名学者,包括中国科学院数学与系统科学研究院的杨乐院士、郭雷院士、马志明院士、汪寿阳院士等,中国社会科学院经济学部的学部委员汪同三研究员,中国航天科技集团公司 710 研究所(北京信息与控制研究所)的于景元研究员,国务院发展研究中心的李善同研究员,中国科学院大学的佟仁城教授,中国水利水电科学研究院的王浩院士,中国科学院科技政策与管理科学研究所的徐伟宣研究员,以及美国 Illinios 大学的 Geoffrey Hewings 教授、王少文教授,葡萄牙 Universidad dos Açores 大学的 Tomaz Ponce Dentinho 教授等,他们为项目的完成和本书的写作提供了宝贵的指导建议!

　　最后，特别感谢我们的家人，他们的理解、支持和关怀保障了本书的顺利完成和出版。

　　水资源管理研究涉及学科领域广泛，发展迅速。受时间和水平的局限，书中不免有不足和疏漏之处，敬请批评指正。

刘秀丽　陈锡康

2016 年 3 月

目　　录

第 1 章

中国与全球水资源整体状况

1.1 全球水资源状况

全球的储水量约为 14.5 亿立方千米之多，但淡水资源却十分有限。根据联合国教科文组织 2012 年发布的第四期《世界水资源发展报告》，地球表面超过 70％的面积为海洋所覆盖，全球的淡水资源仅占其总水量的 2.5％，而在这极少的淡水资源中，又有 70％以上被冻结在南极和北极的冰盖中，加上难以利用的高山冰川和永冻积雪，有 87％的淡水资源难以利用。人类真正能够利用的淡水资源是江河湖泊和地下水中的一部分，约占全球总水量的 0.3％。

全球淡水资源不仅短缺而且地区分布极不平衡。从各大洲水资源的分布来看，年径流量为亚洲最多，其次为南美洲、北美洲、非洲、欧洲、南极洲和大洋洲(图 1.1)。从人均径流量的角度看，全球河流径流总量平均每人约 10 000 立方米。在各大洲中，大洋洲的人均径流量最多，其次为南美洲、北美洲、非洲、欧洲、亚洲。按地区分布，巴西、俄罗斯、加拿大、中国、美国、印度尼西亚、印度、哥伦比亚和刚果 9 个国家的淡水资源占了世界淡水资源的 60％。每年约 80 个国家和地区的 15 亿人口(约占世界总人口的 40％)淡水不足，其中 26 个国家的约 3 亿人极度缺水①。

2012 年联合国教科文组织发布的《世界水资源发展报告》(每三年发布一次)表明，对淡水资源构成压力的主要方面之一是灌溉和粮食生产对水资源的需求。2012 年农业用水在全球淡水使用中约占 70％，预计到 2050 年农业

---

① http://baike.baidu.com/link? url = 0sBvRQyZiahWA73QI0JzbgfQByVJYbUupl5E7v4ppgjSGr3d-XUg4Cj _ XkdCaSdnpZ34UDhHp7ubyrpGwcT0GLK。

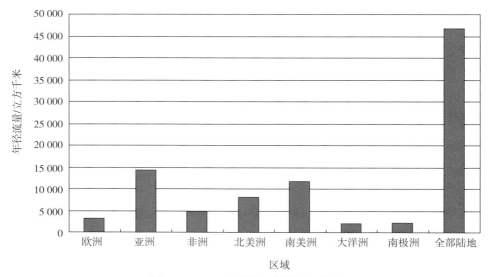

图 1.1　2013 年世界各大洲年径流量

资料来源：http://wenku.baidu.com/view/f80957b783d049649b66584f.html

用水量可能会在此基础上再增加约 19％。人类对水资源的需求主要来自于城市对饮用水、卫生和排水的需要。2012 年全球有 8.84 亿人口仍在使用未经净化改善的饮用水源，26 亿人口在使用未能得到改善的卫生设施，有 30 亿～40 亿人的家中没有安全可靠的自来水。每年约有 350 万人的死因与供水不足和卫生状况不佳有关，而这主要发生在发展中国家。全球有超过 80％的废水（waste water）未得到收集或处理，城市居住区是点源污染的主要来源。地下水是人类用水的一个主要来源，全球接近一半的饮用水来自地下水。但地下水是不可再生的，在一些地区，地下水源已达到临界极限。目前与水有关的灾害占所有自然灾害的 90％，而且这些灾害的发生频率和强度在普遍上升，对人类的生存与经济社会发展造成了严重影响。

1.2　中国水资源状况

2000～2013 年，我国水资源总量在 23 256.7 亿～30 906.4 亿立方米波动，平均值为 26 880 亿立方米。人均水资源量在 1 730.2～2 310.4 立方米波动，平均值为 2 047.9 立方米/人，约为世界人均水平的 1/4。2004 年、2009 年及 2011 年我国人均水资源量已接近甚或低于联合国可持续发展委员会确定的 1 750 立方米的用水紧张线（表 1.1）。根据国际公认的标准，人均水资源量低于 2 000 立方米且大于 1 000 立方米为中度缺水，人均水资源量低于 1 000 立方米且大于 500 立方米为重度缺水，人均水资源量低于 500 立方米为极度缺水。总体来看我国属于中度缺水的国家。

表 1.1 2000～2013 年我国水资源状况

年份	水资源总量 /亿立方米	地表水资源量 /亿立方米	地下水资源量 /亿立方米	人均水资源量 /立方米
2000	27 700.8	26 561.9	8 501.9	2 193.9
2001	26 867.8	25 933.4	8 390.1	2 112.5
2002	28 261.3	27 243.3	8 697.2	2 207.2
2003	27 460.2	26 250.7	8 299.3	2 131.3
2004	24 129.6	23 126.4	7 436.3	1 856.3
2005	28 053.1	26 982.4	8 091.1	2 151.8
2006	25 330.1	24 358.1	764.9	1 932.1
2007	25 255.2	24 242.5	7 617.2	1 916.3
2008	27 434.3	26 377.0	8 122.0	2 071.1
2009	24 180.2	23 125.2	7 267.0	1 816.2
2010	30 906.4	29 797.6	8 417.1	2 310.4
2011	23 256.7	22 213.6	7 214.5	1 730.2
2012	29 526.9	28 371.4	8 416.1	2 186.1
2013	27 957.9	26 839.5	8 122.0	2 054.6

资料来源：《中国水资源公报》(2000～2013 年)

具体到我国水资源的区域分布，可以发现我国水资源分布存在南多北少、东多西少的情况，其区域分布与人口、耕地、矿产等资源分布及经济发展状况极不匹配。长江及其以南水系的流域面积只占全国国土总面积的 36.5%，其水资源量却占全国的 81%；淮河及其以北水系的流域面积占全国国土总面积的 63.5%，水资源量仅占 19%，其中，西北内陆河地区占国土面积的 35.3%，水资源量仅占 4.6%。近年来，我国极端气候频繁发生，地区间水资源分布不均的矛盾加剧。

除了区域分布不均，我国受季风气候影响，降水量年内分配也极不均匀，大部分地区汛期 4 个月的降水量占全年总降水量的 70% 左右。我国水资源中大约有 67% 是洪水径流量，降水量年际变化也很大。而在全球气候变化和大规模经济开发双重因素共同作用下，我国水资源情势正在发生新的变化，水资源短缺问题日趋突出。2014 年全国 561 个地级以上城市中有 400 多个缺水，大量城市及农村生活供水水源以地下水为主，地下水累计超采约 900 亿立方米（张艳玲，2014），已对部分地区生产和生活的正常进行产生了不利影响。

1.3 中国水资源的开发利用状况

自 2000 年以来，全国总用水量呈现缓慢上升趋势，万元 GDP（即国内生产总值）用水量呈显著下降趋势（图 1.2），我国的用水效率显著提高。根据历史统计数据显示，生活和工业用水量持续增加，占总用水量的比重逐渐增大。2000～2011 年农业用水则受气候和实际灌溉面积的影响呈上下波动、总体为缓降趋势（图 1.3）。从 2012 年开始，牲畜用水量从生活用水中划归入农业用水，农业用水的占比略有增加。

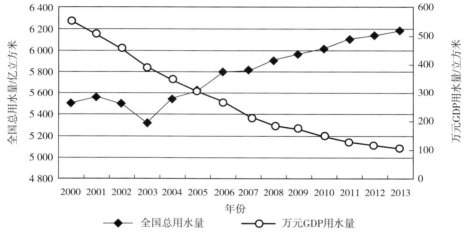

图 1.2　2000～2013 年全国总用水量及万元 GDP 用水量趋势
资料来源：《中国水资源公报》(2000～2013 年)

2013 年全国总供水量为 6 183 亿立方米，比上年增加 52 亿立方米。其中，地表水源供水量占 80.8%，地下水源供水量占 18.5%，其他水源供水量占 0.7%。2013 年，全国总用水量为 6 183 亿立方米，其中，农业用水为 3 920 亿立方米，占总用水量的 63.4%；工业用水为 1 410 亿立方米，占总用水量的 22.8%；生活用水为 748 亿立方米，占总用水量的 12.1%；生态环境补水为 105 亿立方米，占总用水量的 1.7%。与上年比较，农业用水增加 21 亿立方米，工业用水增加 30 亿立方米，生活用水增加 6 亿立方米，生态环境补水减少 5 亿立方米。

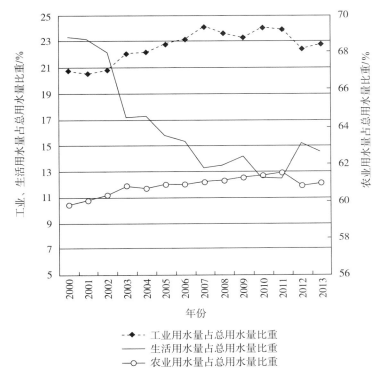

图 1.3　2000～2013 年农业、工业、生活用水量占比

资料来源：《中国水资源公报》(2000～2013 年)

1.4　中国人均用水量

2000～2013 年，我国人均用水量[①]基本呈缓慢增加趋势，由 2000 年的 435 立方米增加至 2013 年的 456 立方米，2011～2013 年稳定在 450～460 立方米 (图 1.4)。我国人均用水量在 2003 年出现了一个明显的拐点，达到了 21 世纪以来的最低点，只有 412 立方米，究其原因，一方面，因为 2003 年我国遭遇了全国大范围春旱和江南、华南的严重夏伏旱，全国总供水量仅为 5 320 亿立方米，与 2002 年相比降低了 177 亿立方米，当年水资源供给量较少，造成实际需求没有得到满足；另一方面，我国在 2002 年 8 月颁布了《中华人民共和国水法》，全

---

① 《中国水资源公报》中，2000～2011 年皆为人均用水量，2012 年及 2013 年的该指标改为人均综合用水量。

国上下掀起了建立节水型社会的热潮，许多用水需求得到一定程度的限制。以上两个原因导致 2003 年用水总量和人均用水量的大幅度下降。

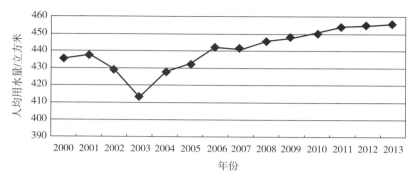

图 1.4　2000～2013 年我国人均用水量

资料来源：《中国水资源公报》(2000～2013 年)

　　另外，因受水资源禀赋、气候条件、人口数量、产业结构、农作物构成和节水技术水平等多种因素的影响，各省级行政区的人均用水量差别很大。2012 年人均用水量超过 600 立方米的有新疆、宁夏、西藏、黑龙江、内蒙古、江苏、广西 7 个省份，其中新疆、宁夏、西藏分别达 2 657 立方米、1 078 立方米、976 立方米；低于 300 立方米的有天津、北京、山西和山东等 9 个省份，其中天津最低，仅 167 立方米。

1.5　中国分行业用水分析

1.5.1　农业用水

　　农业用水包括农田灌溉和林、果、草地灌溉及鱼塘补水。2000～2013 年我国农业用水量在 3 400 亿～3 900 亿立方米内波动，趋势较为平稳，但占用水总量的比重不断下降，由 68.8% 下降至 62.8%。

　　我国农业用水效率不断提升，主要体现为农业灌溉用水效率的提高。2000～2012 年我国农田灌溉亩均用水量整体呈现下降趋势，由 2000 年的 479 立方米下降到 2012 年的 404 立方米（图 1.5），农田灌溉水有效利用系数提高至 0.516。喷灌、微灌等高效节水灌溉方式的使用及农田水利设施的改善是我国农业灌溉用水效率提高的重要原因。截至 2013 年年底，我国有效灌溉面积达到了 9.52 亿亩（1 亩≈666.7 平方米），其中节水灌溉工程的面积达到了 4.07 亿亩，约占有效灌溉面积的 43%，而高效的节水灌溉面积达到了 2.14 亿

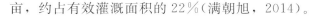亩，约占有效灌溉面积的 22%（满朝旭，2014）。

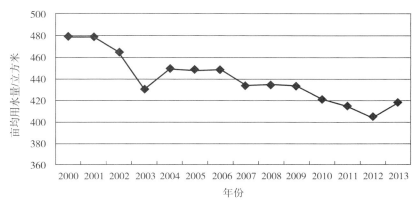

图 1.5　农田灌溉亩均用水量

资料来源：《中国水资源公报》（2000～2013 年）

　　农业灌溉亩均用水量受气候、灌溉技术、土壤、作物、耕作方法及渠系利用系数等因素的影响，表现出明显的地域差异。2013 年东、中、西部地区的农田实际灌溉亩均用水量分别为 379 立方米、378 立方米和 512 立方米，东、中部的较小，西部的较大，农田灌溉水有效利用系数呈东部大，中、西部小的分布态势。

　　为进一步提高农业灌溉用水效率，我国针对农业灌溉现状提出了短期、中期、长期节水灌溉规划。在短期规划中，根据《全国冬春农田水利基本建设实施方案》，2014～2015 年全国冬春农田水利基本建设计划完成总投资 3 712 亿元，同比增长 10.1%。方案针对农田水利存在的薄弱环节，提出要抓紧修复水毁灾损水利工程、加快农村饮水安全工程建设、全面实施大中型灌排骨干工程建设与配套改造、大力发展高效节水灌溉、着力解决农田水利"最后一公里"问题、加强防洪抗旱薄弱环节建设、加快推进重大水利工程建设、强化水土保持和农村水电建设等八项重点工作。

　　在中期规划中，根据《全国大型灌区续建配套与节水改造"十二五"规划》，"十二五"期间，全国将力争新增高效节水灌溉面积 1 亿亩，比 2011 年《中共中央　国务院关于加快水利改革发展的决定》中提出的 5 000 万亩的目标高出一倍。在大型灌区续建配套与节水改造方面，《全国大型灌区续建配套与节水改造"十二五"规划》提出，到 2015 年年底，全国要完成 70% 以上的大型灌区及50% 以上重点中型灌区的续建配套和节水改造任务，涉及农田灌溉面积 2.83 亿亩。根据《全国节水灌溉发展"十二五"规划》初步成果，确定 2011～2015 年全国高效节水灌溉发展的目标如下：新增高效节水灌溉面积不少于 5 000 万亩，力争达到 1 亿亩；平均每年新增高效节水灌溉面积不少于 1 000 万亩，力争达到 2 000

万亩(水利部农村水利司,2013)。

在长期规划中,根据《国家农业综合开发高标准农田建设规划》,全国将在2011~2020年10年间完成改造中低产田、建设高标准农田4亿亩,完成1575处重点中型灌区的节水配套改造。同时,《全国高标准农田建设总体规划》提出到2020年建成集中连片、旱涝保收的高标准农田8亿亩,其中,"十二五"期间建成4亿亩,高标准农田建成后,灌溉水有效利用系数可提高约10%以上。到2020年,水利部计划完成全国434处大型灌区和2157处重点中型灌区的续建配套和节水改造任务,全国的农田有效灌溉面积发展到10.05亿亩,全国的节水灌溉工程面积达到全国有效灌溉面积的60%以上,其中高效节水灌溉面积占全国有效面积的比例要达到30%以上,灌溉水有效利用系数要从目前的0.52提高到0.55以上(祖国斌,2014)。

1.5.2 工业用水

1. 工业用水特点

我国工业取水量[①]占全社会总取水量的25%左右,其中火电(含直流冷却发电)、钢铁、纺织、造纸、石化和化工、食品和发酵等高用水行业取水量占工业取水量的50%左右。在全国水利发展"十二五"规划中,以万元工业增加值用水量作为约束性指标,明确规定到"十二五"末全国万元工业增加值用水量要降至63立方米(以2010年价格计算)。2005年以来,我国工业节水政策体系和标准体系日趋完善。工业节水技术改造和创新力度不断增强宣传和试点示范工作稳步推进,工作取得了明显成效。我国工业用水呈现如下特点。

1)工业用水总量小幅增长

2013年,我国工业用水量为1410亿立方米,较2000年增长26.8%。2002~2007年我国工业用水量快速增加,2007~2009年受金融危机影响,工业用水量基本保持不变,2009~2013年又开始缓慢增加。工业用水量占总用水量比重的变化趋势与工业用水量变动趋势基本相同。表1.2说明,2006年以来,在工业增加值大幅增长的情况下,工业用水量占全国总用水量的比例却基本稳定在23%左右。

---

① 取水量是指直接从江河、湖泊或者地下通过工程或人工措施获得的水量。用水量是指用水户实际所使用的水量,通常是由供水单位提供,包括重复用水量。

表 1.2 2006～2013 年全国工业用水情况

年份	总用水量/亿立方米	工业用水量/亿立方米	占比/%
2006	5 795	1 344	23.2
2007	5 819	1 404	24.1
2008	5 910	1 397	23.6
2009	5 965	1 391	23.3
2010	6 022	1 447	24.0
2011	6 107	1 462	23.9
2012	6 131	1 380	22.5
2013	6 183	1 410	22.8

资料来源：《中国水资源公报》(2006～2013 年)

2) 工业用水效率显著提高

2000 年以来，我国工业用水效率显著提高，工业用水重复利用率呈上升趋势。如表 1.3 所示，2013 年我国万元工业增加值取水量为 67 立方米，比 2012 年降低了 7%；2012 年工业用水重复利用率[①]达到 87.0%，较 2001 年提高了 25 百分点。2013 年国务院发布《循环经济发展战略及近期行动计划》，要求"十二五"期间，工业用水重复利用率至少要提高 4.3%。

表 1.3 2006～2013 年全国工业用水效率指标

年份	万元工业增加值用水量/立方米	万元工业增加值用水量下降率/%	重复利用率/%
2006	178	7	80.6
2007	131	8	82.0
2008	108	9	83.8
2009	103	8	85.0
2010	90	7	85.7
2011	78	9	83.1
2012	69	8	87.0
2013	67	7	—

资料来源：2013 年万元工业增加值用水量下降率由课题组计算所得，其余数据来自《中国统计年鉴》(2007～2013 年)、《中国水资源公报》(2006～2013 年)

3) 非常规水源利用量不断增加

中水、海水、矿井水等非常规水源的再生利用技术日趋成熟。2011～2013 年，我国海水淡化能力以平均每年 13.15% 的速度增长，2013 年全国已达日产能力 90.08 万立方米，其中大约 2/3 用于工业领域。

---

① 工业用水重复利用率，国家从 2001 年之后才开始统计，之前统计的是工业废水处理率。

4）工业废水排放量略有下降

2013年，我国工业废水排放量209.8亿立方米，占废水排放总量的30.2％，与2006年的240.2亿立方米、占比44.7％比较，下降较为明显；2012年工业废水达标排放率93.0％，比2006年提高0.9百分点（表1.4）。

表1.4　2006～2013年全国工业废水排放情况

年份	废水排放总量/亿立方米	工业废水排放量/亿立方米	占比/%	达标排放率/%
2006	536.8	240.2	44.7	92.1
2007	556.8	246.6	44.3	91.7
2008	571.7	241.7	42.3	92.4
2009	589.7	234.5	39.8	94.2
2010	617.3	237.5	38.5	95.3
2011	659.2	230.9	35.0	—
2012	684.8	221.6	32.3	93.0
2013	695.4	209.8	30.2	—

资料来源：废水排放量及工业废水排放量来自《中国环境统计年报》（2006～2013年）；达标排放率来自《中国统计年鉴》（2007～2013年）

5）一些高耗水行业产能过剩

六大高耗水行业中的钢铁、有色金属冶炼、电力、纺织行业都出现了不同程度的产能过剩问题。工业和信息化部（简称工信部）公布了2014年淘汰落后和过剩产能的任务，如炼铁1 900万吨、炼钢2 870万吨、焦炭1 200万吨、铅蓄电池（极板及组装）2 360万千伏安时等（表1.5）。与2014年《政府工作报告》确定的目标相比，钢铁行业淘汰任务超170万吨，水泥行业超850万吨。其他行业的任务量与2013年相比也有较大幅度增加。2014年7月，《关于下达2014年工业行业淘汰落后和过剩产能目标任务的通知》（工信部产业〔2014〕148号文件）公布了2014年这些工业行业淘汰落后和过剩产能企业名单，力争在2014年9月底前关停列入公告名单内企业的生产线（设备），确保在2014年年底前彻底拆除淘汰。淘汰落后和过剩产能任务的完成，将明显降低这些行业的需水量。

表1.5　工信部公布的2014年淘汰落后和过剩产能的任务占2013年各产品产量的比例

产品名称与单位	2013产量	2014淘汰产能目标	占比
炼铁/万吨	70 897[1]	1 900	2.7%
炼钢/万吨	707 900[2]	2 870	0.4%
焦炭/万吨	47 600	1 200	2.5%
铁合金/万吨	3 776	234	6.2%
电石/万吨	22 346	170	0.8%

续表

产品名称与单位	2013 产量	2014 淘汰产能目标	占比
电解铝/万吨	2 206	42	1.9%
铜(含再生铜)冶炼/万吨	686[3]	51	7.5%
铅(含再生铅)/万吨	448	12	2.7%
水泥/万吨	242 000	5 050	2.1%
造纸/万吨	10 110	265	2.6%
制革/百万平方米	550[4]	15	2.7%
印染/百万米	88 270	1 084	1.2%
化纤/万吨	4 122	3	0.1%
铅蓄电池(极板及组装)/万千伏安时	20 503	2 360	11.5%

1)指生铁

2)指粗钢

3)指精炼铜

4)指规模以上轻革

2. 重点工业行业用水

1)火电行业

"十一五"期间，我国火电行业年取水量（不含直流冷却）由 85.5 亿立方米下降到 83.7 亿立方米（表 1.6）；单位发电量取水量由 3.00 立方米每兆瓦时下降到 2.45 立方米每兆瓦时，降低 18.3%；废水年排放量由 24.2 亿立方米下降到 10.9 亿立方米，降低 55%。"十二五"时期，火电仍是我国的主力电源，火电装机占比在 70% 以上。据《中国火电行业白皮书系列书刊》，"十二五"时期新开工建设火电规模预计在 2.6 亿～2.7 亿千瓦。

表 1.6　2006～2010 年我国火电用水情况

年份	取水量/亿立方米	单位发电量取水量/(立方米/兆瓦时)
2006	85.5	3.00
2007	78.9	2.90
2008	78.5	2.80
2009	81.3	2.70
2010	83.7	2.45

资料来源：中国电力企业联合会

在各类能源中，电能生产耗费水资源量远超过石油开采业和煤炭开采业，电力行业成为主要用水部门，取水量占能源行业的 80% 以上。在电力生产中，水电不消耗水资源，仅利用水利资源；核电取水量较少；大部分水资源为火电使用或消耗。我国火力机组发电量占总发电量的 80% 以上，火力发电是我国取水量最大的行业之一。据统计，目前仅火电行业取水量就占到工业取水总量的 1/6。因此，火电行业做好节水增效，在破解水和能源的瓶颈问题上将事半功倍。

2013 年我国火电发电量 42 358.7 亿千瓦时，比 2010 年增长 27.2%（表 1.7）。"十一五"期间单位发电量取水量不断减少，年平均减少 0.11 立方米/兆瓦时。若按"十一五"期间单位发电量取水量变化速度来计算，即 2013 年火电单位发电量取水量 2.12 立方米/兆瓦时，2013 年火电发电取水量大约 89.8 亿立方米。

表 1.7   2010～2013 年我国火电发电情况

年份	火电发电量 /亿千瓦时	占总发电量 的比例/%	比上年增长/%
2010	33 301.3	79.2	11.6
2011	38 253.2	81.4	14.8
2012	38 554.5	78.1	0.6
2013	42 358.7	78.4	7.0

资料来源：《中国统计年鉴》(2010～2013 年)、《2013 年全国电力工业统计数据》

2) 钢铁行业

2011～2013 年我国吨钢取水量由 4.1 立方米下降至 3.8 立方米，其中 2013 年降速明显。2006～2013 年，我国钢铁行业取水量由 30.7 亿立方米下降到 27.2 亿立方米；吨钢取水量由 7.3 立方米下降到 3.8 立方米，降低 47.9% 左右；重复利用率由 95.4% 提高到 97.5%，提高 2.14 百分点（表 1.8）。

表 1.8   2006～2013 年我国钢铁行业用水情况

年份	取水量/亿立方米	吨钢取水量/(立方米/吨)	重复利用率/%
2006	30.7	7.3	95.4
2007	29.5	6.0	96.3
2008	27.2	5.4	96.6
2009	28.0	4.9	97.0
2010	27.9	4.1	97.3
2011	26.2	4.1	97.4
2012	27.1	4.0	97.5
2013	27.2	3.8	97.5

资料来源：《中国钢铁工业年鉴》(2006～2010 年)、中国工业协会网站、《中国钢铁工业环境保护统计月度简析》(2011～2013 年)

3) 纺织行业

"十一五"期间，我国纺织行业取水量由 31.3 亿立方米增加到 36.2 亿立方米，增长 15.7%；用水量由 85.5 亿立方米增加到 94.6 亿立方米，增长 10.6%；万元工业增加值取水量由 389.9 立方米下降到 213.1 立方米，降低 45.3%（表 1.9）。纺织行业中印染用水占 80%，化纤、纺织等用水占 20%。而印染厂回用率仅 7%(主要还是冷却水回用等),整个纺织行业回用率不足 10%。"十二五"期间纺织行业节水的目标为单位工业增加值用水量比 2010 年降低 30%[①],在 2011 年纺织工业就达到了此目标(王天凯,2014)。

表 1.9　2006～2010 年我国纺织行业用水情况

年份	取水量/亿立方米	用水量/亿立方米	万元工业增加值用水量/立方米
2006	31.3	85.5	389.9
2007	33.8	94.3	371.6
2008	34.6	92.7	264.3
2009	34.8	92.4	232.3
2010	36.2	94.6	213.1

资料来源:中国纺织工业联合会

1.5.3　生活用水

生活用水包括城镇生活用水和农村生活用水,其中城镇生活用水由居民用水和公共用水(含第三产业及建筑业等用水)组成;农村生活用水除居民生活用水外,还包括牲畜用水在内(2012 年开始,原生活用水中的牲畜用水被划归在农业用水中)。2000～2013 年我国生活用水量由 575 亿立方米逐步增加至 762.3 亿立方米,占总水量的比重由 10.5%增加至 12.4%。

人口的增加和城镇化率的提高是我国生活用水量增加的主要原因,2000～2013 年,我国总人口由 123 626 万人增加至 136 072 万人,其中城镇人口由 39 449 万人增加至 73 111 万人,城镇化率由 31.9%上升至 53.7%。城乡居民的人均生活用水量差异较大,2013 年,我国城镇人均生活用水量(含公共用水)212 升/日,农村居民人均生活用水量 80 升/日。同时,我国居民收入水平不断提高,以当年价计算,人均 GDP 由 2000 年的 7 858 元增加至 2013 年的 41 908 元(按 2000 年价格计算,增加至 25 090 元)。随着居民生活水平的提高,居民对水资源的需求随之增大,是我国生活用水量增加的另一个重要原因。

1.5.4　生态补水

从 2003 年开始,我国发布生态补水的数据,2003～2013 年我国生态补水基本呈现稳定小幅增加的趋势,由 2003 年的 80 亿立方米增加至 2013 年的 110.5 亿立方米(图 1.6),在总用水量中的占比由 1.5%增加至 1.7%。党的十八届三中全会上提出了加快生态文明制度建设,水环境保护、水生态修复是生

---

① 　数据来源:《纺织工业"十二五"发展规划》。

态文明制度建设的重要内容。"十二五"期间,我国生态补水将呈稳定增加的趋势。

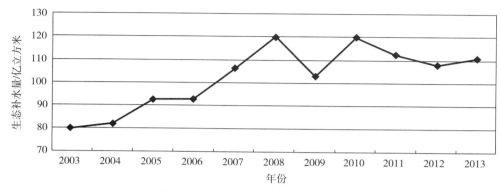

图 1.6 2003~2013 我国生态补水量

资料来源:《中国水资源公报》(2003~2013 年)

1.6 中国水环境质量状况

1.6.1 中国地表水水质状况

2014 年上半年,全国地表水总体为轻度污染。监测的 962 个国控断面中,Ⅰ~Ⅲ类水质断面占 62.8%,同比降低 0.9 百分点;Ⅳ~Ⅴ类水质断面占 26.5%,同比上升 1.7 百分点;劣Ⅴ类占 10.7%,同比降低 0.8 百分点。2013 年全年,全国Ⅰ~Ⅲ类水河流长度占比为 68.6%,劣Ⅴ类占 14.9%(图 1.7)。

从主要流域来看,2013 年长江流域总体水质良好,Ⅰ~Ⅲ类、Ⅳ~Ⅴ类和劣Ⅴ类水质断面比例分别为 89.4%、7.5% 和 3.1%。与 2012 年相比,水质无明显变化,长江干流Ⅰ~Ⅲ类水质断面比例达到 100%。黄河流域总体水质表现为轻度污染,Ⅰ~Ⅲ类、Ⅳ~Ⅴ类和劣Ⅴ类水质断面比例分别为 58.1%、25.8% 和 16.1%,与 2012 年相比,水质无明显变化。海滦河(简称海河)流域总体水质为中度污染,Ⅰ~Ⅲ类、Ⅳ~Ⅴ类和劣Ⅴ类水质断面比例分别为 39.1%、21.8% 和 39.1%,与 2012 年相比,Ⅰ~Ⅲ类水质占比基本不变,劣Ⅴ类水质占比下降 6.3%。海河流域为当年十大流域中总体水质最差的流域。

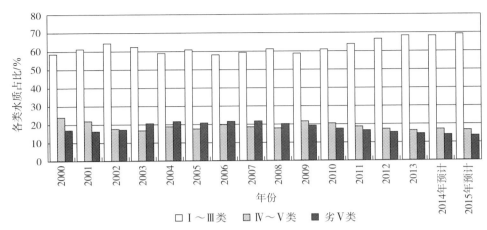

图 1.7　2000～2013 年全国河流各类水质占比变动情况

资料来源：《中国水资源公报》(2000～2013 年)，2014 年和 2015 年数据由课题组计算得到

2001～2013 年，长江、黄河、海河流域水质类别占比变化趋势见图 1.8～图 1.10，从图中可以看出，海河流域 I～Ⅲ类水质占比最低，虽然近几年占比有所上升，但仍在 30%～40%，远低于其他流域。

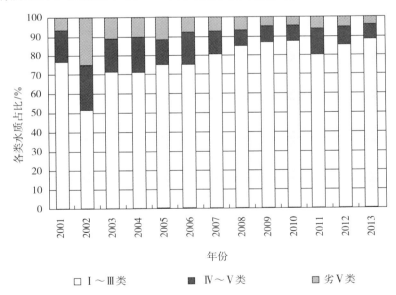

图 1.8　长江流域各类水质占比变化趋势

资料来源：《中国环境状况公报》(2001～2013 年)

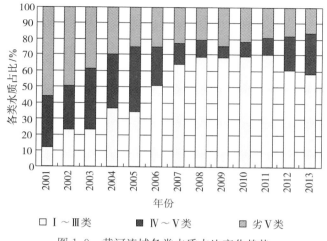

图 1.9　黄河流域各类水质占比变化趋势
资料来源：《中国环境状况公报》（2001~2013 年）

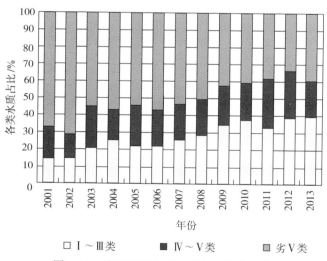

图 1.10　海河流域各类水质占比变化趋势
资料来源：《中国环境状况公报》（2001~2013 年）

1.6.2　中国废水及主要污染物排放情况

　　2013 年，我国废水排放总量达到 695.4 亿吨，比上年增加 1.5%，其中，工业废水排放量 209.8 亿吨，占废水排放总量的 30.2%；城镇生活污水排放量 485.1 亿吨，占 69.7%；集中式污染治理设施（不含污水处理厂）废水排放量 0.5 亿吨，占 0.1%。

　　自 2000 年以来，全国废水排放总量呈现出明显的上升趋势，同时万元 GDP 废水排放量逐步稳定下降，由 2000 年的 41.8 吨下降至 2013 年的 20.4 吨，其中 GDP 按 2000 年价格计算（图 1.11）。其中，工业废水排放量趋于稳定、有下降的趋势，生活污水排放量显著增加（图 1.12）。工业废水排放量占全国废水排放总量的比例由 2000 年的 46.8% 下降至 2013 年的 30.2%；生活污水排放量的占比由 53.2% 上升至 69.7%。

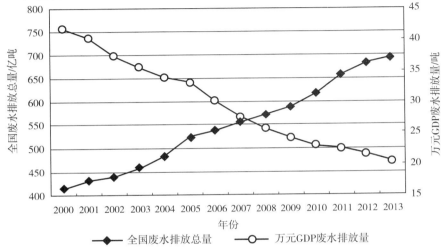

图 1.11　2000~2013 年全国废水排放量及万元 GDP 废水排放量变化趋势图
资料来源：《中国环境统计年报》（2000~2013 年）

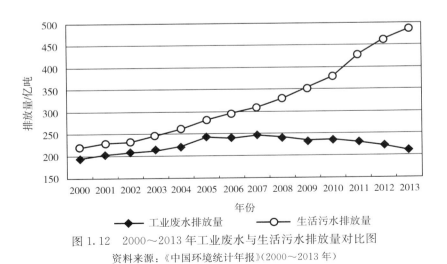

图 1.12　2000~2013 年工业废水与生活污水排放量对比图
资料来源：《中国环境统计年报》（2000~2013 年）

　　2013 年，我国化学需氧量排放总量为 2 352.7 万吨，比上年下降 2.9%。其中,工业源排放量 319.5 万吨,占 13.6%;生活源排放量 889.8 万吨,占 37.8%;农业源排放量 1 125.7 万吨,占 47.8%;集中式污染治理设施排放量 17.7 万吨,占 0.8%。

2013 年,我国氨氮排放总量为 245.7 万吨,比上年下降 3.1%。其中,工业 源排放量 24.6 万吨,占 10.0%;生活源排放量 141.4 万吨,占 57.5%;农业源 排放量 77.9 万吨,占 31.7%;集中式污染治理设施排放量 1.8 万吨,占 0.8%。

1.6.3 中国废水处理现状

截至 2014 年 3 月底,全国城镇污水处理厂污水处理能力约 1.53 亿立方米/日, 较 2013 年年底新增约 430 万立方米/日。2013 年年末,全国城市污水处理厂日处 理能力 12 454 万立方米,比上年增长 6.1%,排水管道长度 46.5 万千米,比上年 增长 5.9%。2013 年全年共处理污水 456.1 亿吨,比上年增加 39.9 亿吨,提高 9.6%。其中,城市年污水处理总量 381.9 亿立方米,城市污水处理率 89.34%,比 上年增加 2.04 百分点,其中污水处理厂集中处理率 84.53%,比上年增加 2.04 百 分点。2013 年年末,全国县城污水处理厂日处理能力 2 691 万立方米,比上年增长 2.6%,排水管道长度 14.9 万千米,比上年增长 8.8%。县城全年污水处理总量 69.1 亿立方米,污水处理率 78.47%,比上年增加 3.23 百分点,其中污水处理厂 集中处理率 76.25%,比上年增加 3.34 百分点①。

图 1.13 显示,我国城市、县城污水处理率都在不断提高,尤其是县城,其 污水处理率由 2006 年的 13.6% 迅速提高至 2013 年的 78.5%,与城市污水处理 率之间的差距正在逐步缩小。

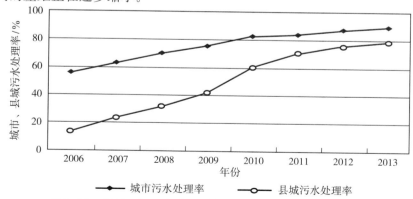

图 1.13 2006~2013 年我国城市、县城污水处理率变动情况

资料来源:《中国城镇排水与污水处理状况公报》(2006~2010 年)、《2013 年城乡建设统计公报》

---

① 其中城市(城区)是指设市城市(含直辖市、地级市、县级市)的城区,不含市辖县与独立的市辖建制 镇;县城是指县、自治县、旗、自治旗、林区、特区的政府驻地。

　　2012 年 5 月 18 日，国务院正式批复《重点流域水污染防治规划（2011—2015 年）》（简称《规划》），重点流域范围包括松花江、淮河、海河、辽河、黄河中上游等 10 个流域，共涉及 23 个省（自治区、直辖市），254 个市（州、盟），1 578 个县（市、区、旗）。《规划》明确，到 2015 年，城镇集中式地表水饮用水水源地水质稳定达到功能要求；重点流域总体水质由中度污染改善到轻度污染，达到或优于 Ⅲ 类的断面比例高于 44%，劣 V 类断面比例低于 14%；重点流域化学需氧量排放总量较 2010 年削减 9.7%；氨氮排放总量削减 11.3%。其中，海河流域化学需氧量排放量控制在 275.2 万吨，比 2010 年削减 10.3%，氨氮排放量控制在 23.8 万吨，比 2010 年削减 11.5%。重点流域水污染防治规划项目投资 3 460.43 亿元，其中海河流域规划投资 685.99 亿元。

1.6.4　中国地表水质影响因素分析

1. 农业源污染

　　2013 年，我国农业源化学需氧量排放量为 1 125.8 万吨，占排放总量的 47.9%，其中畜禽养殖业排放为 1 071.7 万吨。农业源氨氮排放量为 77.9 万吨，占排放总量的 31.7%，其中畜禽养殖业排放 60.4 万吨。可见，农业是我国化学需氧量和氨氮排放量主要来源之一，同时，我国农业源污染物主要来自于畜禽养殖业。2004～2013 年，我国猪肉、牛肉、羊肉、禽蛋产量总体上呈现稳中有升的态势（图 1.14）。2014 年以来，我国畜牧业生产形势异常严峻，生猪生产深度亏损，家禽业遭受重创，牛羊肉供给持续趋紧，加之《畜禽规模养殖污染防治条例》于 2014 年 1 月起正式实施，预计未来一段时间农业源尤其是畜禽养殖业污染物排放将继续保持下降趋势。

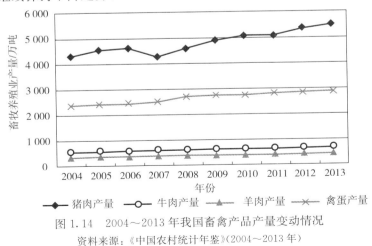

图 1.14　2004～2013 年我国畜禽产品产量变动情况

资料来源：《中国农村统计年鉴》（2004～2013 年）

2. 工业源污染

工业源中污染物排放最高的四个行业为：造纸和纸制品业、农副食品加工业、化学原料及化学制品制造业和纺织业，2013 年这四个行业化学需氧量排放量占重点调查工业企业排放总量的比例分别为 18.7%、16.5%、11.3%、8.9%，合计占比为 55.4%，氨氮排放量占比分别为 8.0%、8.5%、33.9%、8.0%，合计占比为 58.4%。图 1.15 显示，2000～2012 年四个行业的主营业务收入有明显的上升趋势，分别提高了 7.3 倍、14.0 倍、11.5 倍、5.7 倍。

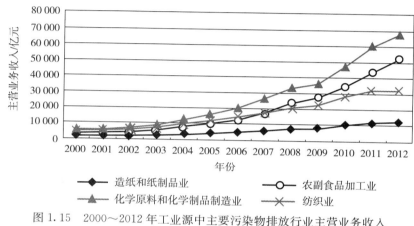

图 1.15　2000～2012 年工业源中主要污染物排放行业主营业务收入

资料来源：《中国统计年鉴》(2001～2013 年)

在造纸和纸制品业等工业行业主营业务收入不断提升的同时，工业生产过程中的用水效率也在不断提高，即单位产值用水量会有所下降，从而单位产值废水排放量、单位产值污染物排放量也会不断下降。以造纸和纸制品业为例，2003～2012 年我国造纸行业万元工业产值化学需氧量排放强度由 94 千克下降至 9 千克（图 1.16）。单位产值污染物排放强度的大幅下降是工业源废水和污染物排放量在工业产品产量、工业产值成倍提高背景下仍能保持基本稳定且略有下降趋势的主要原因。预计 2014 年、2015 年工业源污染物排放量将保持略微下降趋势。

3. 生活源污染

2013 年，生活源化学需氧量排放量占化学需氧量排放总量的 37.8%，生活源氨氮排放量占氨氮排放总量的 57.5%。同时，生活污水排放量的大幅度增加是近年来我国废水排放总量逐年上升的最主要原因（图 1.11 和图 1.12）。2000～2013 年我国居民人均用水量呈缓慢增加趋势（图 1.4），由 435 立方米/人增加至 456 立方米/人，与此同时，我国城镇人口数量由 45 906 万人增加至 73 111 万人，我国城镇人口数量的迅速增加与人均用水量的增加共同作用导致了我国城镇生活用水量的上升，从而使生活污水排放量持续增加。数据分析表明，

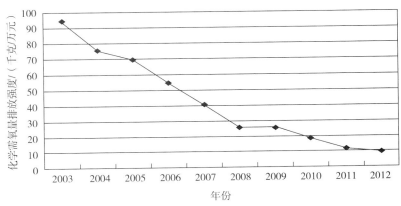

图 1.16　2003～2012 年我国造纸行业万元工业产值化学需氧量排放强度

资料来源:《中国造纸工业 2013 年度报告》

2000～2013 年我国城镇人口数量与生活污水排放量之间存在着高度正相关关系,相关系数达到 0.97。

4. 水环境污染治理投资

近年来我国对环境污染治理的重视度不断提高,2001～2013 年我国环境污染治理投资占 GDP 的比重由 1.0% 逐年上升至 1.7%,投资额度从 1 107 亿元提高至 9 037 亿元(图 1.17),提高了 7.2 倍。我国环境污染治理投资由三部分组成,即城镇环境基础设施建设投资(包括燃气、集中供热、排水、园林绿化、市容环境卫生)、工业污染源治理投资和建设项目"三同时"环保投资。自 2006 年开始,我国环境污染治理投资总额增长速度明显加快,主要是城镇环境基础设施建设投资的快速增加,在城镇环境基础设施建设的五个分项中,园林绿化所占比例上升(尤其在 2009 年之后),与此同时排水所占比例由 2001 年的 37.7% 下降至18.5%;建设项目"三同时"环保投资在 2006～2008 年有较明显的增加,之后基本保持稳定;工业污染治理投资额(分为废水、废弃、固体废物、噪声和其他共五部分的治理投资)在 2001～2007 年提高了 1.9 倍,2007～2010 年下降明显,2010 年之后回升至 2008 年的水平。主要原因是,虽然 2001～2013 年环境污染治理的总投资增加,但废气治理投资占比上升 12 百分点,使废水治理投资占比下降 19 百分点,工业污染中废水治理投资有所减少。

数据分析表明,我国环境污染治理投资额与 I～III 类水质占比存在着高度正相关关系,相关系数为 0.81,与劣 V 类水质占比之间存在着高度负相关关系。污染治理投资的持续投入和污水处理能力的稳步提升是保证我国水质得到改善的关键。

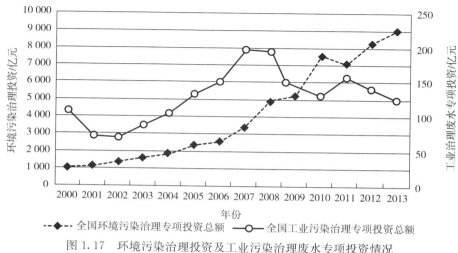

图 1.17　环境污染治理投资及工业污染治理废水专项投资情况

资料来源：《中国统计年鉴》(2001～2013 年)

第 2 章

中国用水总量变动影响因素的
结构分解分析研究

随着我国城镇化、工业化的推进和经济的快速增长，水资源短缺、水资源利用效率低下、水资源污染严重和开发不合理等问题导致水资源环境压力不断加大，水资源问题更加严峻和复杂，这些都严重影响了我国经济的可持续发展。一方面，我国水资源总量特别是人均水资源量短缺；另一方面，自 2003 年以来我国用水总量逐年增加，到 2013 年已经达到 6 170 亿立方米，水资源短缺和用水总量居高不下的水资源供求矛盾已经对我国经济的增长造成了很大的负面影响，并且我国经济的快速发展对水资源造成的压力也将越来越大。深入研究探讨我国用水总量变动背后的影响因素，不仅对我国调整产业结构实现经济的可持续发展有重要的理论和现实意义，而且对解决水相关的资源环境问题和规划水资源发展战略有重要参考价值。

2.1   研究综述

目前国内外针对能源消耗和能源强度变动影响因素的研究较多，而针对用水总量和用水强度变动影响的研究则相对较少。例如，张伟和朱启贵(2012)在四层完全分解法的基础上，把部门内能源消耗结构效应纳入分析框架，将我国 1994～2007 年工业能源消耗强度的变化分解为能源消费结构、能源消费技术和产出结构的变化；袁鹏等(2013)运用数据包络分析将能源生产率的变化分解为技术效率、技术进步和要素替代等效应；Minx 等(2011)、Liu 等(2012)和 Geng 等(2013)分别在国家层面和地区层面运用投入产出技术和结构分解方法研究了我国 CO_2 排放变动的影响因素；Fan 和 Xia(2012)将我国能源需求变动分解为能源消耗强度、技术系数、生产结构和经济规模的变化，并对 2020 年我国的能源需求进行了预测。

在国内外针对用水量和用水强度变动影响因素的研究中，袁宝招(2006)针对我国经济转轨时期经济发展特点和产业结构及经济体制转变的特点，对影响我国水资源需求变化的驱动因素及水资源需求调控进行了研究和分析，认为经济社会发展是需水增长的主要正向驱动因素，产业结构调整和用水效率提高是抑制需水增长的主要负向驱动因素；Hu 等(2006)将水资源当做投入要素建立了包含水资源的生产函数，分析了水资源利用效率与人均 GDP 之间的关系；佟金萍等(2011)基于完全分解模型从产业和地区两个层面对我国 1997～2009 年万元 GDP 用水量的变动进行了结构分解分析，其认为促进节水技术的改进和推广从而提高产业和地区用水效率是进一步降低我国万元 GDP 用水量的主要途径；孙才志和谢巍(2011)综合考虑了经济水平、产业结构、用水强度及人口规模四个因素对产业用水量变动的影响，认为我国产业用水量"零增长"与"负增长"的目标需要在产业结构调整和用水效率的不断提高中实现；陈东景(2008)将我国工业水资源消耗强度分解为结构份额和效率份额，认为效率份额对工业水资源消耗强度下降的贡献大于结构份额；Zhang 等(2011a，2012)基于区域投入产出表计算了 1997 年和 2007 年北京市的水足迹，并将水足迹变化分解为用水效率、投入结构、经济规模和产业结构变化对其的影响，认为经济规模和投入结构的变化导致水足迹上升，其影响大于用水效率和产业结构的变化；Wang 等(2013)计算了北京市 2002 年和 2007 年的直接水、间接水和完全水足迹，并比较了北京市与我国其他省市自治区的农业水足迹和工业水足迹；Zhang 等(2011b)和 Feng 等(2012)分别计算了全国和黄河流域的虚拟水调入调出，并分析了虚拟水贸易对我国水资源利用的影响；Duarte 等(2014)研究了 1900～2000 年世界用水总量的变动轨迹，并结合 IPAT 模型研究了经济规模、人口总数和用水效率变化对世界用水总量变动的影响。

整体来看，现有研究成果存在的问题主要包括：①现有研究主要集中在针对能源消耗和能源强度变动的影响因素，国内外都有大量与此相关的文献，而针对用水量和用水强度变动影响因素的研究则相对较少。②近年来与用水量变化相关的研究大都集中在虚拟水和水足迹的测算，以及虚拟水和水足迹变动对水资源和经济环境的影响。③对用水量和用水强度变动影响因素的研究主要集中在用水强度变化的因素分解；对投入产出表部门的细分不够，这将影响结构分解结果的精确性(房斌等，2011)；没有综合考虑经济发展、人口增长、技术进步和产出结构变化等对用水量变动的影响。鉴于此，本章在 1999 年、2002 年、2007 年全国 51 个部门水利投入占用产出序列表的基础上，运用投入产出结构分解分析(structural decomposition analysis，SDA)、水利投入占用产出局部闭模型和

IPAT 模型，综合考虑经济发展、人口增长、技术进步和产出结构变化，对 1999~2007年我国用水总量变动的影响因素进行了结构分解分析研究。首先将影响因素分解为用水强度、技术水平、最终需求结构、最终需求总量结构、人口总数和人均 GDP* （不含居民消费）；然后针对上述分解模型的不足在最终需求层面对用水总量变动的影响因素进行进一步的分解。

2.2　理论模型与数据来源

2.2.1　IPAT 模型

为了综合研究经济发展与自然资源、人口增长、技术进步的关系，Ehrlich 和 Holdren(1971，1972)提出了经典的 IPAT 模型。模型的结构如下：

$$\text{Impact} = \text{Population} \times \text{Affluence} \times \text{Technology} \qquad (2.1)$$

式(2.1)可以简写为

$$I = P \times A \times T \qquad (2.2)$$

其中，I（Impact）表示环境影响或资源消耗；P（Population）表示人口总数；A（Affluence）表示经济发展或社会富裕程度；T（Technology）表示技术水平。在实际应用中，式(2.2)的 I 通常选择资源消耗或者排放量（如用水量、能源消耗、CO_2 排放量等）；P 通常选择人口总数；A 通常选择人均 GDP 等经济发展指标；T 通常选择技术水平相关的指标，如投入产出技术中的直接消耗系数矩阵。

IPAT 模型揭示了引起环境影响或资源消耗变化的三个主要驱动因素，分别为人口总数、经济发展和技术水平的变化，同时这三个因素并不是单独作用于环境影响或资源消耗，而是共同作用环境影响或资源消耗。例如，如果在一个时期内，模型中的人口变量(P)基本不变，只有经济变量(A)和技术变量(T)出现变动，进而导致环境影响或资源消耗变量(I)出现变动，这并不能说明环境影响或资源消耗变量(I)变动仅是由经济变量(A)和技术变量(T)的变动引起的，事实上人口变量(P)的影响已经通过经济变量(A)和技术变量(T)的变动得到体现。该模型目前已被广泛应用于环境、人口、技术和经济变量之间的定量和定性研究。

2.2.2　SDA 模型

房斌等(2011)结合投入产出模型对经典的 IPAT 模型进行了拓展。本章采用投入产出局部闭模型综合考虑生产用水和生活用水，将 IPAT 模型进一步拓展为如下形式：

$$\text{Water} = W \times B^* \times M \times S \times n \times v \qquad (2.3)$$

其中，Water 为用水总量；W 为用水强度，表示各部门用水量与总产出的比值，用来衡量用水效率；B^* 为投入产出局部闭模型的列昂惕夫逆矩阵，表示技术水平；M 为不包含居民消费的最终需求结构系数矩阵，是一个 52×4 的矩阵；S 为不包含居民消费的最终需求总量结构系数矩阵，为各最终需求比重的列向量；n 为人口总数；v 为人均 GDP^*，不包括居民消费部分。IPAT 模型中的人口因素 P 用人口总数指标表示，富裕程度变量 A 用人均 GDP 表示，技术因素 T 通过用水强度、技术水平、最终需求结构和最终需求总量结构来表示。

为了进一步分析影响用水量变动的驱动因素，我们利用结构分解模型的两极分解法对用水量变动进行分解，两极分解法一般可以避免结构分解的"非唯一性问题"（Dietzenbacher and Los，1998）。

$$
\begin{aligned}
\mathrm{Water}_{(1)} - \mathrm{Water}_{(0)} = & \frac{1}{2}(\Delta W B_1^* M_1 S_1 n_1 v_1 + \Delta W B_0^* M_0 S_0 n_0 v_0) \\
& + \frac{1}{2}(W_0 \Delta B^* M_1 S_1 n_1 v_1 + W_1 \Delta B^* M_0 S_0 n_0 v_0) \\
& + \frac{1}{2}(W_0 B_0^* \Delta M S_1 n_1 v_1 + W_1 B_1^* \Delta M S_0 n_0 v_0) \\
& + \frac{1}{2}(W_0 B_0^* M_0 \Delta S n_1 v_1 + W_1 B_1^* M_1 \Delta S n_0 v_0) \\
& + \frac{1}{2}(W_0 B_0^* M_0 S_0 \Delta n v_1 + W_1 B_1^* M_1 S_1 \Delta n v_0) \\
& + \frac{1}{2}(W_0 B_0^* M_0 S_0 n_0 \Delta v + W_1 B_1^* M_1 S_1 n_1 \Delta v) \quad (2.4)
\end{aligned}
$$

式（2.4）中的六项分别表示在其他因素保持不变的情况下，某个因素变化导致的用水总量的变动。例如，$\frac{1}{2}(\Delta W B_1^* M_1 S_1 n_1 v_1 + \Delta W B_0^* M_0 S_0 n_0 v_0)$表示在其他因素保持不变的情况下，用水强度的变化导致了用水量的变动。通过以上分解模型，可以把用水总量变动分为以下六个方面，即用水强度的变化、技术水平变化、最终需求结构系数变化、最终需求总量结构系数变化、人口总数的变化和人均 GDP^* 的变化。

2.3 结果及分析

2.3.1 结构层面用水总量变动的影响因素分析

利用全国水利投入占用产出序列表（表的结构及编制方法见附录），应用分解模型(2.4)，在结构层面对用水总量变动进行结构分解的结果，如表 2.1 所示。

表 2.1　1999～2007 年我国用水总量变动的结构分解表(一)(单位：亿立方米)

阶段	用水强度的影响	技术水平的影响	最终需求结构的影响	最终需求总量结构的影响	人口总数的影响	人均 GDP* 的影响	总变动量
1999～2002 年	−1 008.57	−1 605.90	−658.69	246.72	125.31	2 807.41	−93.72
2002～2007 年	−3 892.38	−1 280.15	−397.34	196.19	221.10	5 473.99	321.42
1999～2007 年	−5 536.70	−4 123.54	−2 153.91	1 302.65	569.37	10 170.00	227.70

　　根据《中国水资源公报》提供的数据可知，我国 1999 年的用水总量为 5 591 亿立方米，2007 年的用水总量为 5 819 亿立方米，用水总量增加了 228 亿立方米。首先，人均 GDP* 从 1999 年的 3 318 元增长到 2007 年的 12 828 元，该因素使用水总量增加了 10 170 亿立方米，是用水总量增加最主要的影响因素，而且随着我国经济的快速发展，人均 GDP* 对用水总量增加的推动作用越来越明显，在 1999～2002 年和 2002～2007 年两个阶段中，人均 GDP* 分别增长了 2 076 元和 7 434 元，对用水总量增加的贡献分别为 2 807.41 亿立方米和 5 473.99 亿立方米。因此，随着我国经济继续保持快速发展，用水量将可能继续随着人均GDP* 的增长而不断增加。

　　其次，1999～2007 年，生产过程中用水效率的提高使用水总量减少了 5 536.7亿立方米，是抑制用水总量过快增长最主要的因素。1999～2007 年，综合用水强度由 200 立方米/万元减小到 63 立方米/万元，其中用水强度减小较多的部门有农业(不含淡水养殖、生态林)、电力及蒸汽热水生产和供应业、淡水养殖业、造纸印刷及文教用品制造业、煤气生产和供应业和石油和天然气开采业部门，它们的用水强度分别减少了 819 立方米/万元、666 立方米/万元、440 立方米/万元、171 立方米/万元、76 立方米/万元和 64 立方米/万元。我国政府在 2011 年明确要求实行最严格水资源管理制度，并且在 2012 年 1 月发布了《国务院关于实行最严格水资源管理制度的意见》。由此可以预见，在"十二五"后期用水效率提高对用水总量过快增长的抑制作用应有所增强。

　　再次，产业结构调整在一正一反两个方面影响用水总量：一方面，最终需求结构变化使用水总量减少了 2 153.91 亿立方米；另一方面，最终需求结构总量变化使用水总量增加了 1 302.65 亿立方米。两者的综合效果使用水总量减少了 851.26 亿立方米，这说明我国的产业结构调整政策对抑制水资源的过度消耗起到了有效的作用。1999 年我国政府消费、投资、净出口和误差项占最终需求的比重分别为 24％、73％、2％和 1％，而在 2007 年这些比重变为 21％、65％、13％和 1％，政府消费和投资的比重有所减少而净出口的比重有所提高，最终需求的结构变化使用水总量有所增加。

1999～2007 年，技术进步是导致用水总量减少的另一个主要因素，在此期间，中间投入结构变化使用水总量减少了 4 123.54 亿立方米。随着新技术的应用及投入结构的优化，技术水平变化对用水总量的推动作用应该会越来越显著。

最后，人口增长对用水量的推动作用较小，1999～2007 年，人口增长使用水总量增加了 569.37 亿立方米。我国自 20 世纪 70 年代开始实施计划生育政策以来，有效地控制了人口增速，人口总数由 1999 年的 12.6 亿人增加到 2007 年的 13.2 亿人，人口政策对抑制水资源过度消耗起到了重要的作用。不过，随着我国城镇化进程的不断推进，城镇人口比重的提高将有可能导致用水总量的增加。

进一步深入分析可以发现，在 1999～2007 年我国用水总量变动趋势并不相同。在 1999～2002 年我国用水总量减少了 93.72 亿立方米，而加入世界贸易组织之后，2002～2007 年用水总量增加了 321.42 亿立方米，这说明影响中国用水总量变动的因素在加入世界贸易组织之后发生了根本性的变化。由于 1997 年亚洲金融危机的影响，我国经济在 1999～2002 年进行了调整，2001 年加入世界贸易组织之后，2002～2007 年经历了快速的发展。人均 GDP* 增加了 7 434 元，使用水总量增加了 5 473.99 亿立方米，其是导致用水总量增加的最主要因素。

综上所述，在 1999～2007 年，人均 GDP* 增长和用水强度减小是决定用水总量变动的主要因素，人均 GDP* 的增长是用水总量变动趋势发生改变的根本原因。用水强度的减小、技术水平和最终需求结构的变化使用水总量降低，而人均 GDP*、最终需求总量结构和人口总数变化导致了用水总量的增加。但是最终需求结构变化和最终需求总量结构变化的解释作用并不显著，其主要原因与结构分解的方法有关，最终需求变化对用水量变动的影响通过人口总数和人均 GDP* 等因素间接表现出来。为了深入研究用水总量变动的影响因素，需要在最终需求层面对用水总量变动的影响因素进行进一步分析。

2.3.2 最终需求层面用水总量变动的影响因素分析

为了深入研究 1999～2007 年我国用水总量变动的因素，我们在最终需求层面对用水总量变动的影响因素重新进行了结构分解，分解方法如下：

$$\text{Water} = W\boldsymbol{B}^* F = W\boldsymbol{B}^* (F_c + F_i + F_{ex} + \text{ER}) \tag{2.5}$$

其中，Water 为用水总量；W 为用水强度，表示各部门用水量与总产出的比值，用来衡量用水效率；$\boldsymbol{B}^*$ 为投入产出局部闭模型的列昂惕夫逆矩阵，表示技术水平；F_c 为最终需求中的政府消费部分；F_i 为最终需求中的投资部分；F_{ex} 为最终需求中的净出口部分；ER 为误差部分。

$$\text{Water}_{(1)} - \text{Water}_{(0)} = \frac{1}{2}(\Delta W\boldsymbol{B}_1^* F_1 + \Delta W\boldsymbol{B}_0^* F_0) + \frac{1}{2}(W_0\Delta \boldsymbol{B}^* F_1 + W_1\Delta \boldsymbol{B}^* F_0)$$

$$+\frac{1}{2}(W_0\boldsymbol{B}_0^*\,\Delta F_c+W_1\boldsymbol{B}_1^*\,\Delta F_c)+\frac{1}{2}(W_0\boldsymbol{B}_0^*\,\Delta F_i+W_1\boldsymbol{B}_1^*\,\Delta F_i)$$

$$+\frac{1}{2}(W_0\boldsymbol{B}_0^*\,\Delta F_{ex}+W_1\boldsymbol{B}_1^*\,\Delta F_{ex})$$

$$+\frac{1}{2}(W_0\boldsymbol{B}_0^*\,\Delta ER+W_1\boldsymbol{B}_1^*\,\Delta ER) \tag{2.6}$$

　　与之前的结构分解方法不同，新的结构分解方法可以直接计算各最终需求变化对用水总量变动的影响。接下来我们将主要在最终需求层面对用水总量变动的影响因素进行分析，结果见表 2.2。

表 2.2　1999～2007 年我国用水总量变动结构分解表(二)(单位：亿立方米)

阶段	用水强度	技术水平	最终需求					总量
			政府消费	投资	净出口	其他	合计	
1999～2002 年	−1 008.57	−1 605.90	501.82	1 293.50	506.18	219.25	2 520.75	−93.72
2002～2007 年	−3 892.38	−1 280.15	831.51	3 382.69	984.00	295.75	5 493.95	321.42
1999～2007 年	−5 536.70	−4 123.54	1 791.93	5 798.88	1 677.64	619.49	9 887.94	227.70

注：负号说明对应因素的变化使用水总量减少。

　　在 1999～2007 年，最终需求变化共导致用水总量增加了 9 887.94 亿立方米，其中，政府消费、投资、出口和其他因素分别导致用水总量增加了 1 791.93 亿立方米、5 798.88 亿立方米、1 677.64 亿立方米和 619.49 亿立方米。而用水强度和生产结构变化分别使用水总量减少了 5 536.7 亿立方米和 4 123.54 亿立方米。由此可知，最终需求变化对用水总量变动的影响超过了用水强度和生产结构变化，是决定用水总量变动最主要的因素。

　　进一步研究可以发现，最终需求变化对用水总量变动的影响在此期间发生了明显的变化。在 1999～2002 年，最终需求变化导致用水总量增加了 2 520.75 亿立方米，而在 2002～2007 年，最终需求变化导致用水总量增加了 5 493.95 亿立方米，是 1999～2002 年的两倍多。对于最终需求各组成部分，政府消费变化对用水总量变动影响的变化较小。而投资和净出口对用水总量变动的影响变化较大，在 1999～2002 年，投资导致用水总量增加了 1 293.50 亿立方米，净出口导致用水总量增加了 506.18 亿立方米，而在 2002～2007 年，投资导致用水总量增加了 3 382.69 立方米，净出口导致用水总量增加了 984.00 亿立方米。

2.4　本章小结

　　本章在 1999 年、2002 年和 2007 年我国 51 个部门水利投入占用产出表的基础上，结合 SDA 模型、投入产出局部闭模型和 IPAT 模型，分别从结构和最终需求层面对用水总量变动的影响因素进行了研究，得到如下的结论。

(1)在结构层面，1999～2007 年，人均 GDP* 的增长是导致用水总量增加最重要的因素，并且随着时间推移，人均 GDP* 对用水总量增长的推动作用有所增强。人口增长对用水总量变动的影响较小，这主要是因为计划生育政策的实施对人口的有效控制，但是随着城镇化的不断推进，城镇人口比重的提高将增加用水总量。用水强度的减小是导致用水总量减少最重要的因素，而技术水平和最终需求结构变化也使用水总量减少。

(2)从最终需求层面看，最终需求合计对用水总量的推动作用很大，超过了用水强度降低对用水总量变动的影响，并且推动作用随时间增强。最终需求各组成部分对用水总量的驱动作用也各不相同，其中投资带来的驱动作用最大，其次是出口和消费。

根据以上结论我们可以得到以下启示。

(1)伴随我国经济的快速发展，人均 GDP* 的增长将导致用水总量的增加，给我国的水资源带来压力。尽管我国的用水效率已有显著提高，但是在当前水资源供需矛盾的形势下亟待采取各种措施进一步提高用水效率以抵消人均 GDP* 增长对我国水资源带来的压力。

(2)除了考虑人均 GDP* 和用水效率对用水量的影响，还应注重投入结构、产业结构和人口变化对用水总量的影响。用水总量的变化取决于各影响因素作用的强弱，当导致用水总量减少的因素作用强于导致用水总量增加的因素时，用水总量将减少，反之用水总量将增加。

(3)从最终需求的视角来看，投资和出口的增长对用水总量增加的影响较大，为了降低用水总量，可以降低投资和出口的比例，通过扩大内需拉动经济增长，转变过度依靠投资和出口的粗放型经济增长方式。

(4)近年来生活用水逐年增加，占用水总量的比重也逐年波动增加，其对用水总量的影响也是需要关注的。

第 3 章

中国用水总量预测研究

    水是生命之源、生产之要、生态之基。自从 20 世纪 50 年代以来，世界各国经济快速发展，人口迅速增加，人民生活水平不断提高，对水资源的需求量不断增大，世界总用水量迅速增长。进入 21 世纪以来，日益严重的水污染、不合理的开发利用等问题使水资源的可用情况不容乐观，水资源已经成为影响世界经济发展的瓶颈问题之一。许多国家早已把水资源管理纳入政府部门的职能。同时，规划管理部门也开始把需水预测作为计划工作的手段，以期达到宏观调控水资源供需矛盾的目的。美国一些州，如加利福尼亚州在 1956 年就开始需水预测工作；日本从 20 世纪 60 年代开始，每十年进行一次国土规划，把需水预测作为规划的一个依据；英国、法国、荷兰、加拿大等国也逐步开展需水预测工作，作为宏观管理或制定政策的手段。

    我国水文和水资源规划部门 1979 年开始着手组织全国水资源评价工作，于 1986 年完成，同时提出了《中国水资源利用》研究报告，其中将水资源供需专列一章。随着我国经济社会的快速增长、城镇化进程和工业化的推进，水资源短缺、水资源利用效率低下、水资源污染严重及不合理开发等问题导致水资源问题更加严峻，对我国经济的可持续发展、人与自然、人与社会的和谐及社会安全都构成了极大的威胁。"十二五"以来，我国多次以重要文件发布关于水资源管理的决定和办法。为推进实行最严格水资源管理制度，确保实现水资源开发利用和节约保护的主要目标，2013 年 1 月 2 日，国务院办公厅以国办发〔2013〕2 号公开印发《实行最严格水资源管理制度考核办法》(简称《考核办法》)。该办法根据《中华人民共和国水法》、《中共中央　国务院关于加快水利改革发展的决定》(中发〔2011〕1 号)、《国务院关于实行最严格水资源管理制度的意见》(国发〔2012〕3 号)等有关规定而制定。这些决定和办法表明了我国政府对水资源管理的高度重视，显示了我国政府解决水资源短缺问题的决心。2013 年 11 月召开的党的十八届三中全会对水利工作提出了新的要求，将水资源管理、水环境保护、水生态修复、水价改革、水权交易等纳入生态文明制度建设的重要内容。2014 年年初，水利部、国家发改委等十部门联合印发了《实行最严格水资源管理制度考核工作实施方案》，对考核组织、程序、内容、评分和结果使用做出明确规定，这标志着我国最严格水资源管理制度考核工作全面启动。目标完成情况主要考核用水总量、万元工业增加值用水量、农田灌溉水有效利用系数和重要江河湖泊水功能区水质达标率等 4 项指标。制度建设和措施落实情况包括用水总量控制、用水效率控制、水功能区限制纳污、水资源管理责任和考核等制度建设及相应措施落实情况。《考核办法》的出台，是国务院为加快落实最严格水资源管理制度做出的又一重大决策。

行业用水分析及需水总量预测将为我国水利改革，以及实行最严格的水资源管理和考核提供决策参考，对我国宏观调控水资源供需矛盾，实现经济社会环境协调发展具有重要意义。

3.1　国内外研究现状

目前，国内外关于用水量预测的研究很多。在国外的研究中，Sen 和 Altunkaynak(2009)基于模糊系统理论建立了人均日饮用水量与运动量、体重和温度的模型，并将其应用于人均日饮用水量的预测；Firat 等(2010)比较分析了GRNN(general regression neural network，即广义回归神经网络)、CCNN(cascade-correlation neural network，即基于级连神经网络)和 FFNN(feedforward neural network，即前向反馈神经网络)等神经网络预测模型对土耳其伊兹密尔市用水量的预测效果，认为 CCNN 模型比 GRNN 模型和 FFNN 模型的预测精度高；Herrera 等(2010)研究了神经网络模型、投影寻踪模型、多元自适应回归样条模型、随机森林模型和支持向量机模型对西班牙东南部某城市用水量的预测效果，认为支持向量机模型的预测精度最高，其他依次是多元自适应回归样条模型、投影寻踪模型、随机森林模型和神经网络模型；Nasseri 等(2011)建立了德黑兰城市居民用水量的遗传算法，并用扩展的卡尔曼滤波模型对遗传算法的自变量进行预测，从而得到城市用水量的预测值；Xu 和 Liu(2013)将小波变换与 BP(back propagation，即反向传播)神经网络模型相结合建立了水质预测模型，模型的预测精度高于单一的 BP 神经网络模型和 Elman 神经网络模型；Ajbar 和 Ali(2013)考虑经济发展水平、气候条件、人口增长及每月游客数量等影响因素，建立了沙特阿拉伯麦加城的月度和年度用水量神经网络预测模型。国际上预测用水量的方法主要是采用神经网络模型、模糊系统理论模型、投影寻踪模型和遗传算法等,或者是这些模型的改进模型和组合模型,虽然改进模型和组合模型一般优于单一模型,但这些模型对用水量的预测精度普遍不高,误差通常高于 5%,并且不利于分析用水量变动的影响因素。

在国内的用水量预测研究中,主要有考虑用水量影响因素的多因素预测模型和考虑用水量内在规律和时间趋势的预测模型。对于考虑用水量影响因素的多因素模型,翟春健等(2009)基于柯布-道格拉斯生产函数和多层递阶预测时变参数方法,建立了新的工业生产函数法并用于预测北方某城市的工业用水;刘治学等(2012)运用灰色线性组合预测模型对包头市市区居民生活用水进行了预测,组合模型的预测精度高于单一模型;王帅和孙月峰(2012)将逐步回归技术引入偏最小二乘用水量预测模型,建立了基于耦合逐步回归的 PLS(partial least squares,即偏最小二乘)城市用水量预测模型,模型的预测精度高于单一的偏最小二乘回归模型;童芳芳和郭萍(2013)应用灰色时间序列分析法对蔡旗断面年径流量进行预测,然后基于年径流量等影响因素对红崖山灌区灌溉用水量进行了预测。对于考虑用水量内在规律和时间趋势的模型,主要有灰色模型、神经网络模型、支持向量机模型、遗传算法、时间序列模型和指数平滑模型等。例如,舒诗湖等(2009)运用灰色模型对 D 市的中长期用水量进行了预测,为 D 市的供水规划提供了有效依据;李云峰等(2010)运用神经网络建立了城市用水量与城市发展水平指标体系之间的模型,并根据城市经济发展目标预测了相应的城市用水量;宰松梅等(2009)选择径向基函数作为核函数,建立了最小二乘支持向量机预测模型,其预测精度高于灰色预测模型和神经网络预测模型;卢正波和李文义(2012)结合粗糙集理论和逐步回归技术对青岛市的工业需水量进行了预测。除了考虑用水量影响因素的多因素模型和考虑用水量内在规律和时间趋势的模型外,左其亭(2008)建立了人均生活用水量与经济发展水平的 S 型模型,并对郑州市人均生活用水量进行了预测;张宏伟等(2009)建立了基于分形拼接定理和分形插值函数迭代过程的城市日用水量预测模型,模型的应用型强,能为城市供水优化调度提供决策支持。从事后检验的结果来看,考虑用水量影响因素的多因素预测模型不仅对用水量变动影响因素的解释能力更强,而且预测精度较高,误差一般小于 3%,而只考虑用水量变动内在规律和时间趋势的模型和其他模型的预测误差一般在 5%~10%,有些甚至超过了 10%。

在对国内外用水量预测模型进行比较分析的基础上,本章最终选择考虑用水量影响因素的多因素预测模型对我国用水总量进行预测。在综合分析我国用水总量变动影响因素的基础上,利用 1959 年、1965 年、1980 年、1990 年、1993 年、1995 年和 1997~2012 年用水总量和影响因素的相关数据,建立了 3 个用水总量的预测模型,并将其用于 2013~2015 年我国用水总量的预测中。

3.2 中国用水总量的主要影响因素分析

3.2.1 人口因素

用水总量特别是生活用水量与人口总量有着直接的联系。一方面，在人均生活用水量不变的情况下，生活用水量将随着人口总量的增长而线性增长；另一方面，随着人民生活水平的提高，人均生活用水量不断增长，并且生活用水量的增长将大于人口总量的增长。图 3.1 为 1997～2011 年我国生活用水量和人口总量的趋势图，由图可以看出，在人口总量逐年上升的同时，生活用水量也逐年上升。

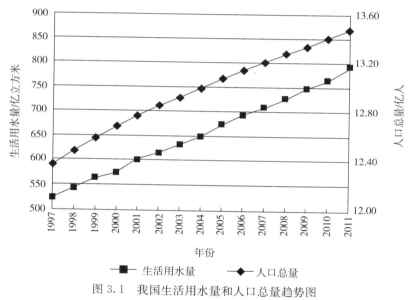

图 3.1 我国生活用水量和人口总量趋势图

资料来源：中经网统计数据库

将生活用水量和人口总量进行回归分析，得到如下方程：

$$y = -2456.0 + 239.8x \qquad (3.1)$$

$$(-27.5) \quad (34.9)$$

$$R^2 = 0.989, \text{调整的} R^2 = 0.988$$

回归模型的统计量显著并且 R^2 很大，说明生活用水量与人口总量之间有显著的相关关系。由我国生活用水量和人口总量的趋势图及两者的回归方程，我们可以得出以下结论，即我国人口总量的增长导致了生活用水量的增长，从而影响用水总量。

3.2.2　全国粮食产量

农业用水占我国用水总量的比重很高，2012 我国用水总量为6 142.8 亿立方米，其中农业用水为 3 880.3 亿立方米，占用水总量的 63.2%。近 5 年来，我国农业用水占用水总量的比重维持在 61%～63%。农业用水与粮食产量有直接的关系，图 3.2 为我国农业用水与粮食产量的趋势图。由图可以看到，农业用水与粮食产量有较为显著的关系。在 1997～2003 年，我国粮食产量波动降低，农业用水在这期间也波动降低，两者都在 2003 年达到最低点；在1998～2011 年我国粮食产量连续增产，农业用水在这期间也波动升高。经计算，我国农业用水与粮食产量在 1959～2011 年的相关系数为 0.83，为显著的正相关关系。

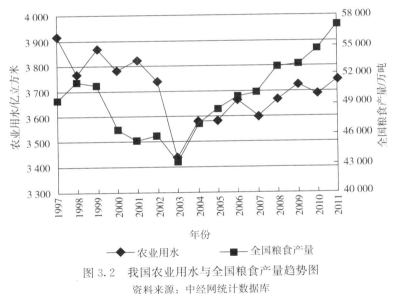

图 3.2　我国农业用水与全国粮食产量趋势图

资料来源：中经网统计数据库

3.2.3　第二、三产业增加值

用水总量与经济发展有着密切的关系，3.2.2 小节分析了粮食产量与农业用水的关系，本小节主要分析第二、三产业增加值之和（1978 年可比价）与用水总量的关系。图 3.3 为我国用水总量与第二、三产业增加值之和的趋势图。下面采用协整检验，判断两者之间是否存在显著的协整关系。

选取 1997～2011 年的时间序列数据进行协整检验，为了降低数据中可能存在的异方差性，先对变量指标取自然对数，接着进行平稳性检验。表 3.1 列出了

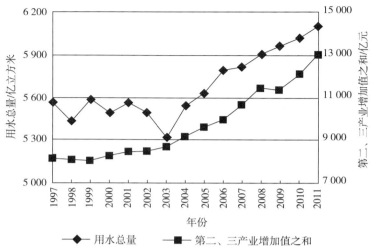

图 3.3 我国用水总量与第二、三产业增加值之和的趋势图

资料来源：中经网统计数据库

采用 ADF 检验分别对用水总量和第二、三产业增加值之和的对数值进行单位根检验的结果。检验结果表明：两个序列都为一阶单整序列，可以进行协整检验。

表 3.1 平稳性检验的结果

变量	ADF 检验值	P 值	结论
用水总量对数	−2.156	0.475	不平稳
用水总量对数一阶差分	−4.925	0.009	平稳
第二、三产业增加值之和对数	−1.947	0.570	不平稳
第二、三产业增加值之和对数一阶差分	−4.143	0.035	平稳

下面采用 Johansen 协整检验，检验的结果如表 3.2 所示。从协整检验的结果可以看出：两个序列在 5% 的置信水平上存在显著的协整关系。由此我们认为用水总量与第二、三产业增加值之和有着显著的关系。

表 3.2 Johansen 协整检验的结果

协整关系	特征值	5% 临界值	P 值
没有	0.798	25.872	0.017
至多一个	0.571	12.518	0.121

除了本节详细分析的人口、全国粮食产量和第二、三产业增加值之和等影响因素外，据相关研究，GDP、人均 GDP、第二、三产业增加值之和占 GDP 的比重等也都与用水总量密切相关(王帅和孙月峰，2012；孙勇和徐祖信，2008)，这里不再做具体分析。

3.3　用水总量预测模型的建立

基于对我国用水量的影响因素分析，本书初步选定的用水总量的影响因素为人口、粮食产量、第二产业和第三产业占 GDP 的比重、人均 GDP 和 GDP。样本期为 1980 年、1990 年、1993 年、1995 年和 1997～2013 年。

对这些因素进行随机组合，建立回归模型，根据模型的统计检验指标和系数经济解释的合理性，最终确定了 3 个我国用水总量的预测模型。

预测模型 1：

$$\hat{Y}=2\,995.59+4.10\times10^{-3}X_1+19.03\times10^{-3}X_2+87.49\times10^{-3}X_3-1.1\times10^{-6}X_3^2$$
$$(3.2)$$

$$(3.65)\qquad(0.43)\qquad\quad(3.30)\qquad\qquad(2.27)\qquad\qquad(0.19)$$
$$R^2=0.979，调整的\ R^2=0.974，\mathrm{DW}=1.877$$

预测模型 2：

$$\hat{Y}=-1\,780.82+43.30\times10^{-3}X_2+6\,160.63X_4-290.25\times10^{-3}X_5+61.96\times10^{-3}Y(-1)$$
$$(3.3)$$

$$(-0.79)\qquad(3.14)\qquad\quad(2.57)\qquad\qquad(-0.63)\qquad\qquad(0.33)$$
$$R^2=0.962，调整的\ R^2=0.949，\mathrm{DW}=1.675$$

预测模型 3：

$$\hat{Y}=-1\,807.60+42.32\times10^{-3}X_2-4.30\times10^{-7}X_3^2+5\,904.22X_4+69.31\times10^{-3}Y(-1)$$
$$(3.4)$$

$$(-0.82)\qquad(3.49)\qquad\quad(-0.66)\qquad\qquad(3.00)\qquad\qquad(0.36)$$
$$R^2=0.962，调整的\ R^2=0.949，\mathrm{DW}=1.687$$

其中，$\hat{Y}$ 为用水总量的拟合值，单位为亿立方米；$Y(-1)$ 为上一年的用水总量，单位为亿立方米；X_1 为人口数，单位为万人；X_2 为全国粮食产量，单位为万吨；X_3 为 GDP，单位为亿元，采用 1980 年可比价；X_4 为第二、三产业增加值之和占 GDP 的比重；X_5 为人均 GDP，单位为元/人，采用 1980 年可比价。1980 年的用水总量数据来源于《中国水资源利用》(1989 年出版)，1990 年、1993 年和 1995 年的用水总量数据来源于《21 世纪中国水供求》(1999 年出版)，1997～2013 年用水总量数据来源于《中国水资源公报》(1997～2013 年出版)；相应年份的人口数、全国粮食产量、GDP 及指数、第二产业增加值及指数和第三产业增加值及指数等来源于《中国统计年鉴》和中经网统计数据库。

由预测模型(3.2)～预测模型(3.4)可以看出，模型调整后的 R^2 很高，这说明模型整体拟合效果较好。而且 DW 统计量值表明随机干扰项序列不存在序列相关性。

3.4　模型应用

应用 3.3 节建立的用水总量预测模型，对模型中的主要变量做情景假定，在不同情境下对 2013～2015 年我国用水总量进行预测。

3.4.1　关于中国人口总量的情景假定

近 5 年来我国人口总数平稳增长，年均增长 650 万人左右，假定 2013 年和 2014 年我国人口总数仍按照年均 650 万人增长。党的十八届三中全会通过的《中共中央关于全面深化改革若干重大问题的决定》明确提出坚持计划生育的基本国策，启动实施一方是独生子女的夫妇可生育两个孩子的政策。中国社会科学院人口与劳动经济研究所的王广州研究员所带课题组的研究结论为：如果 2015 年，全国城乡统一放开"单独二胎"，则每年多出生的人口将比现在增加 100 万人左右，超过 200 万人的可能性很小，这一测算结论得到人口学界的一定认同。因此假定 2015 年我国人口总数增长 750 万人左右。

3.4.2　关于粮食产量的情景假定

根据国家统计局对我国 31 个省(自治区、直辖市，不包括港澳台地区)农业生产经营户的抽样调查和农业生产经营单位的全面统计，2014 年全国粮食总产量60 709.9 万吨，比 2013 年增加 516.0 万吨，增长 2.1％。2011～2014 年全国粮食产量分别比上一年增加了 2 473.1 万吨、1 937.2 万吨、1 235.5 万吨和 516.0 吨，增产幅度逐年降低。在种植面积增加和单产增产潜力受约束的现状下，假定 2015 年我国粮食产量增产 400 万吨，粮食总产量将达到 61 109.9 万吨。

3.4.3　关于经济增速的情景假定

陈锡康等(2013，2014，2015)测算得出：2013 年我国 GDP 增长 7.7％，其中第一产业增长 3.6％，第二产业增长 8.0％，第三产业增长 8.4％；2014 年我国 GDP 增长 7.6％，其中第一产业增长 3.6％，第二产业增长 7.6％，第三产业增长 8.5％。本章采用以上研究对 2014 年和 2015 年我国 GDP 的测算结果，陈锡康等(2014，2015)假定 2015 年我国 GDP 增长 7.2％，其中第一产业增长3.9％，第二产业增长 7.1％，第三产业增长 8.0％。

在上述 3 个情景假定下，应用模型(3.2)～模型(3.4)进行预测，结果见表3.3。

表 3.3　我国用水总量预测结果(单位: 亿立方米)

年份	模型 1	模型 2	模型 3
2013	6 150.3	6 173.5	6 175.4
2014	6 199.4	6 235.8	6 221.6
2015	6 245.3	6 270.7	6 265.2

　　由表 3.3 可知模型 2 与模型 3 的预测结果基本接近,模型 1 的预测结果略微偏低。每个模型考虑的影响因素侧重不同,结果略有差异,结合专家经验法,调整预测结果:预计 2013 年我国用水总量为 6 159.7 亿立方米(与实际值比较,预测误差为 −0.37%),2014 年为 6 231.4 亿立方米,2015 年为 6 275.9 亿立方米。

3.5　本章小结

　　本章首先比较分析了国内外用水量预测模型,然后在对我国用水总量的影响因素(人口、粮食产量和 GDP 等)进行分析的基础上,建立了我国用水总量的多因素预测模型。预测模型综合考虑了我国用水总量的主要影响因素和时间趋势,预测精度较好。最后在对人口总量、粮食产量和经济增速进行合理假定的基础上,应用预测模型对我国用水总量进行了预测,结果如下:预计我国 2013～2015 年的用水总量分别为 6 159.7 亿立方米、6 231.4 亿立方米和 6 275.9 亿立方米。2013 年实际用水量为 6 182.8 亿吨,预测误差为 −0.37%。

第 4 章

分行业用水效率和节水潜力研究

虽然近年来我国水资源利用效率有了较大程度的提高，但与发达国家相比，总体上用水效率仍较低。2012 年我国每 1 万美元 GDP 用水量约为世界平均水平的 1.7 倍，是美国的 3 倍、日本的 7.3 倍、以色列的 12 倍、德国的 12.3 倍（贾金生等，2012）。大力提高水资源的利用效率，挖掘各部门的节水潜力是我国水资源管理的必然选择。深入研究我国各部门的用水效率和节水潜力，有利于掌握各部门的节水情况，明确重点节水部门，能在部门层面为我国制定节水目标提供定量依据。

4.1 研究综述

从已有文献来看，计算节水潜力的主要方法包括与国外用水效率高的国家和地区进行比较法、与国内用水效率高的省份及地区进行比较法和用水定额法等。与国外用水效率高的国家和地区进行比较的研究主要集中于对发达国家经验的借鉴。例如，贾金生等（2012）比较了我国和美国、日本、英国等国的用水总量和用水效率，认为我国应该调整用水结构和加强水资源管理，从而提高用水效率。冯杰（2010）比较分析了我国和美国的用水总量和用水效率，认为用水总量主要取决于经济规模和用水效率，而不是人口规模。马静等（2007）将我国水资源利用效率与美国、日本等国家进行了比较，认为与发达国家相比，我国水资源利用效率差距明显，节水潜力很大。目前我国与发达国家在生产结构、技术水平和水资源管理等方面都存在较大差距，发达国家的用水效率是我国的一个长期目标，在短期内很难达到。与国内用水效率高的省份及地区进行比较的研究主要基于如下假定：国内各省份及地区在相似的国家宏观管理体制下，研究对象与某些省份在经济、社会、人口等多个方面存在较高的相似性，选择其中用水效率高的省份作为参照，研究对象的用水效率也可以达到参照省份的用水效率。例如，王铮等（2001）对中国未来发展中的水资源问题进行了分析，认为如果我国产业结构没有明显进步，Brown 对我国发展的水资源诘难将可能成为现实，但如果调整产业结构达到北京的产业结构水平，我国的可持续发展是可能的，并测算了在此情景下我国 2010 年和 2030 年的节水潜力；朱启荣（2007）对我国各地区的工业用水效率和节水潜力进行了实证研究，认为我国工业用水资源配置偏离了效率原则，各地区工业用水效率存在较大差异，并以山东省的用水效率为参照，测算了其他省份和地区相对于山东省的节水潜力。用水定额法通过比较实际用水与用水定额的差额计算节水潜力，过度依赖于用水定额的设定。例如，郑在洲等（2004）运用用水定额法和给、用、排分别计算法计算了黄淮海流域 2010 年的工业节水潜力，认为未来节水指标的变动主要由工业结构调整和新发展工业用水的高低决定；张国辉等（2012）运用用水定额法，结合用水规划分别计算了海河流域 2015 年和 2030 年的城镇生活用水、工业用水、农业用水和第三产业的节水潜力。

　　从研究对象来看，已有文献对节水潜力的研究主要集中在整体层面，从部门层面对节水潜力进行的研究很少，导致对各部门节水目标设定的决策支持力度不足。通过计算各部门的节水潜力，有利于掌握各部门的节水情况，明确重点节水部门，进而提高节水政策制定的有效性和可操作性。本章在对现有节水潜力计算模型进行分析的基础上，最终选择与国内用水效率高的省份和地区进行比较的节水潜力计算模型，并选择海河流域作为计算全国各部门节水潜力的参照地区。选择海河流域作为参照地区主要是因为海河流域是我国九大流域片中用水效率最高的流域（孙小玲和钟勇，2011；汪林等，2010）；海河流域相对北京、山东等单一省市或地区覆盖的地域更广，产业构成更加多样，并且国际上和我国的水资源管理都主要以流域管理为主（Liu and Chen，2008）。通过比较分析全国和海河流域的用水效率，计算全国相对海河流域的节水潜力，可以得到当前国内技术水平下，通过学习海河流域的节水技术和水资源管理经验我国能够达到的节水潜力。

4.2　节水潜力计算模型

4.2.1　直接用水系数和完全用水系数

　　某部门 j 的直接用水系数定义为该行业实现单位产出使用水的数量，记为 a_j^{w}。

$$a_j^w = \frac{w_j}{x_j} \tag{4.1}$$

其中，w_j 为部门 j 的直接用水量；x_j 为部门 j 的总产出。

某部门 j 的完全用水系数定义为生产该部门单位产出所引致的整个经济体系的总用水量，记为 b_j^w。

$$b_j^w = a_j^w + \sum b_i^w a_{ij} \tag{4.2}$$

将式（4.2）用矩阵形式表示为

$$\boldsymbol{B}^w = \boldsymbol{A}^w + \boldsymbol{B}^w \boldsymbol{A} \tag{4.3}$$

经过简单的矩阵变换得到

$$\boldsymbol{B}^w = \boldsymbol{A}^w (\boldsymbol{I} - \boldsymbol{A})^{-1} \tag{4.4}$$

其中，$\boldsymbol{B}^w = [b_1^w, b_2^w, \cdots, b_n^w]$；$\boldsymbol{A}^w = [a_1^w, a_2^w, \cdots, a_n^w]$；$\boldsymbol{A} = [a_{ij}]_{n \times n}$ 为直接消耗系数矩阵。

直接用水系数反映了单位产值直接用水的数量，但是一个部门生产产品除了需要水的投入之外，还需要其他投入。而这些投入在生产过程中也需要水的投入，在研究各部门用水效率时还需要考虑蕴涵于投入品中的用水量，以及更下一级的用水量等，这就是完全用水量的经济含义。

对于居民部门，定义用水效率为年人均用水量，记为 a_r^w。

$$a_r^w = \frac{w_r}{p} \tag{4.5}$$

其中，w_r 为居民部门的直接用水量；p 为当期的人口数。

4.2.2 节水潜力计算模型

以用水效率最高的海河流域为参照物，全国各生产部门相对海河流域的节水潜力可以用式（4.6）计算，全国居民部门相对海河流域的节水潜力可以用式（4.7）计算。全国总节水潜力如式（4.8）所示。

$$\text{WSP}_j = w_j - a_j^{hw} \times x_j, \quad j = 1, 2, \cdots, 51 \tag{4.6}$$

$$\text{WSP}_r = w_r - a_r^{hw} \times p \tag{4.7}$$

$$\text{WSP} = \sum \text{WSP}_j + \sum \text{WSP}_r \tag{4.8}$$

其中，WSP_j（water saving potential）为全国部门 j 的节水潜力；a_j^{hw} 为海河流域部门 j 的直接用水系数；x_j 为全国部门 j 的总产出；w_j 为全国部门 j 的用水量；WSP_r 为全国居民部门的节水潜力；a_r^{hw} 为海河流域居民部门的人均用水量；p 为全国人口数；w_r 为全国居民部门的用水量；WSP 为全国总节水潜力。与 WSP 的计算方法类似，我们还可以计算全国三次产业相对海河流域的总节水潜力。

4.3　节水潜力计算结果及分析

4.3.1　整体层面的分析

应用上述节水潜力计算模型，全国层面各产业和居民部门节水潜力测算结果见表 4.1。本小节主要对 1999 年、2002 年和 2007 年全国节水潜力总量及各产业和居民部门的节水潜力进行分析。

表 4.1　我国各产业和居民部门节水潜力测算结果（单位：亿立方米）

| 年份 | 第一产业 | 第二产业 | | 第三产业 | 居民部门 | | 总量 |
		工业	建筑业		农村	城镇	
1999	666.64	552.13	6.24	23.03	57.13	−78.94	1 226.23
2002	930.75	516.40	18.17	84.97	118.34	−11.53	1 657.09
2007	1 375.53	1 044.83	22.01	49.71	133.19	−3.87	2 621.41

由表 4.1 可知，我国 1999 年的节水潜力为 1 226.23 亿立方米，占当年用水量的 21.9%；2007 年的节水潜力为 2 621.41 亿立方米，占当年用水量的 45.0%。节水潜力在 1999～2007 年增加了 1 395.18 亿立方米，并且占各年用水量的比例增加较多。这说明在此期间虽然我国用水总量增加不大，但与海河流域用水效率的差距却在扩大，导致我国节水潜力总量和占各年用水量的比例增加。

对于各产业部门，我国第一产业的节水潜力最大，在 1999 年第一产业的节水潜力为 666.64 亿立方米，超过了节水潜力总量的 50%；在 2007 年第一产业的节水潜力为 1 375.53 亿立方米，同样超过了节水潜力总量的 50%。第二产业的节水潜力主要体现在工业部门，在 1999 年第二产业的节水潜力为 558.37 亿立方米，占节水潜力总量的 45.5%，其中工业部门的节水潜力为 552.12 亿立方米，占第二产业节水潜力的 98.9%；在 2007 年第二产业的节水潜力为 1 066.84 亿立方米，占节水潜力总量的 40.7%，其中工业部门的节水潜力为 1 044.83 亿立方米，占第二产业节水潜力的 97.9%。第二产业中建筑业的节水潜力相对较小，但在此期间的变化较大，由 1999 年的 6.24 亿立方米增加到 2007 年的 22.01 亿立方米，增加了两倍多。第三产业的节水潜力也相对较小，在此期间第三产业的节水潜力先增加后减少。

对于居民部门，节水潜力主要体现在农村居民部门。从 1999 年到 2007 年，全国农村居民人口由 8.20 亿人减少到 7.15 亿人，海河流域农村居民人口由

0.88亿人减少到0.77亿人,而在此期间全国农村居民的节水潜力从57.13亿立方米增加到了133.19亿立方米。全国城镇居民相对海河流域城镇居民的节水潜力为负,说明全国城镇居民年人均用水量比海河流域少,这主要是因为海河流域经济较发达,城镇居民收入相对较高,非基本生活用水量较高。

4.3.2 部门层面的分析

农业部门和居民部门的节水潜力已经在整体层面部分进行了分析,本节主要分析除农业部门和居民部门以外的其余各部门的节水潜力。将其余部门按照节水潜力从高到低排序,在1999年、2002年和2007年,节水潜力均靠前的部门有电力及蒸汽热水生产和供应业(不含水电)、化学工业、金属冶炼及压延加工业、造纸印刷及文教用品制造业、食品制造及烟草加工业等。这几个部门在1999年、2002年和2007年的节水潜力见表4.2。

表4.2 节水潜力排在前5位的部门的测算结果(单位:亿立方米)

部门名称	部门代码	1999年	2002年	2007年
电力及蒸汽热水生产和供应业(不含水电)	24	228.71	64.77	319.12
化学工业	12	64.19	109.47	189.47
金属冶炼及压延加工业	14	25.16	60.45	112.23
造纸印刷及文教用品制造业	10	53.76	59.27	95.68
食品制造及烟草加工业	6	39.53	40.01	87.46

为了探析表4.2中这几个重点部门节水潜力变动的影响因素,本章从用水效率和因素分解分析两个角度进行分析。用水效率采用直接用水系数和完全用水系数两个指标来评价(表4.3和表4.4)。因素分解分析采用两极分解法,将交互效应平均分配到两个因素的纯效应中,如式(4.10)所示,因素分解结果见表4.5。

表4.3 我国部分部门用水效率测算结果(单位:立方米/万元)

部门名称	部门代码	1999年		2002年		2007年	
		a_j^w	b_j^w	a_j^w	b_j^w	a_j^w	b_j^w
电力及蒸汽热水生产和供应业(不含水电)	24	811	1 087	154	949	145	597
化学工业	12	94	1 145	109	1 993	42	1 047
金属冶炼及压延加工业	14	69	588	96	1 571	23	1 037
造纸印刷及文教用品制造业	10	284	547	201	881	114	370
食品制造及烟草加工业	6	76	741	72	702	30	1 146

表 4.4 海河流域部分部门用水效率测算结果(单位:立方米/万元)

部门名称	部门代码	1999 年		2002 年		2007 年	
		a_j^w	b_j^w	a_j^w	b_j^w	a_j^w	b_j^w
电力及蒸汽热水生产和供应业(不含水电)	24	267	587	65	484	27	542
化学工业	12	57	720	59	940	11	822
金属冶炼及压延加工业	14	42	390	56	979	4	677
造纸印刷及文教用品制造业	10	185	353	117	398	49	283
食品制造及烟草加工业	6	50	851	45	506	9	399

表 4.5 全国部分部门节水潜力变动因素分解结果(单位:亿立方米)

部门代码	影响因素	1999~2002 年	2002~2007 年	1999~2007 年
24	Δa_j^w	−261.21	49.77	−665.59
	x_j	97.27	204.58	756.00
12	Δa_j^w	25.51	−78.86	−23.54
	x_j	19.77	158.86	148.82
14	Δa_j^w	15.88	−77.89	−27.35
	x_j	19.41	129.67	114.42
10	Δa_j^w	−9.36	−20.69	−34.26
	x_j	14.87	57.10	76.18
6	Δa_j^w	1.50	−16.94	−14.21
	x_j	−1.02	64.39	62.14

由式(4.6)可知,

$$\mathrm{WSP}_j = w_j - a_j^{hw} \times x_j = (a_j^w - a_j^{hw}) \times x_j = \Delta a_j^w \times x_j \qquad (4.9)$$

$$\Delta \mathrm{WSP}_j = (\Delta a_{1j}^w - \Delta a_{0j}^w)x_0 + \Delta a_{0j}^w(x_1 - x_0) + (\Delta a_{1j}^w - \Delta a_{0j}^w)(x_1 - x_0)$$

$$= \left[(\Delta a_{1j}^w - \Delta a_{0j}^w)x_0 + \frac{1}{2}(\Delta a_{1j}^w - \Delta a_{0j}^w)(x_1 - x_0) \right]$$

$$+ \left[\Delta a_{0j}^w(x_1 - x_0) + \frac{1}{2}(\Delta a_{1j}^w - \Delta a_{0j}^w)(x_1 - x_0) \right]$$

$$= \frac{1}{2}(\Delta a_{1j}^w - \Delta a_{0j}^w)(x_0 + x_1) + \frac{1}{2}(\Delta a_{1j}^w + \Delta a_{0j}^w)(x_1 - x_0) \qquad (4.10)$$

由表 4.2 可知,在 1999 年部门 24 电力及蒸汽热水生产和供应业(不含水电)的节水潜力为 228.71 亿立方米,占工业部门节水潜力总量的 41%;在 2007 年的节水潜力为 319.12 亿立方米,占工业部门节水潜力总量的 31%。在 1999~2007 年,部门 24 的节水潜力增加了 90.41 亿立方米,全国投入产出表部门 24 的直接用水系数和完全用水系数相对海河流域都减小很多。相对用水效率的变动使节水潜力减少了 665.59 亿立方米，总产出的变动使节水潜力增加了 756 亿立方米，总产出变动对节水潜力变动的影响更大。

在 1999 年部门 12 化学工业的节水潜力为 64.19 亿立方米，占工业部门节水潜力总量的 12%；在 2007 年的节水潜力为 189.47 亿立方米，占工业部门节水潜力总量的 18%。在 1999～2007 年，部门 12 的节水潜力增加了 125.28 亿立方米，全国表部门 12 的直接用水系数相对海河流域变化较小，但完全用水系数减少较多。相对用水效率变动使节水潜力减少了 23.54 亿立方米，总产出变动使节水潜力增加了 148.82 亿立方米，总产出变动是节水潜力变动的主要影响因素。

在 1999 年部门 14 金属冶炼及压延加工业的节水潜力为 25.16 亿立方米，占工业部门节水潜力总量的 5%；在 2007 年的节水潜力为 112.23 亿立方米，占工业部门节水潜力总量的 10%。在 1999～2007 年，部门 14 的节水潜力增加了 87.07 亿立方米，全国表部门 14 的直接用水系数相对海河流域变化较小，但完全用水系数变化较大。相对用水效率变动使节水潜力减少了 27.35 亿立方米，总产出变动使节水潜力增加了 114.42 亿立方米，总产出变动是节水潜力增大的主要影响因素。

部门 10 造纸印刷及文教用品制造业和部门 6 食品制造及烟草加工业的节水潜力占工业部门节水潜力总量的比例不足 10%，分析过程与部门 24 电力及蒸汽热水生产和供应业(不含水电)、部门 12 化学工业和部门 14 金属冶炼及压延加工业相似，不再详细列示。

4.4 本章小结

本章在 1999 年、2002 年和 2007 年全国和海河流域水利投入占用产出表的基础上，计算了全国和海河流域各部门的直接用水系数和完全用水系数，并在此基础上测算了全国各部门相对海河流域的节水潜力，主要结论和启示如下。

(1)全国用水总量相对海河流域的节水潜力在 1999 年为 1 226.23 亿立方米，2002 年为 1 657.09 亿立方米，比 1999 年增加了 430.86 亿立方米，2007 年为 2 621.41 亿立方米，比 1999 年增加了 1 395.18 亿立方米。这说明在 1999～2007 年，全国相对海河流域的节水潜力不断扩大。

(2)全国第一产业相对海河流域的节水潜力最大，超过了总节水潜力的 50%；第二产业中的工业部门的节水潜力也较大，占第二产业节水潜力的 80% 以上；第二产业中的建筑业部门和第三产业的节水潜力较小，但两者的变化较大。

(3)全国居民部门相对海河流域的节水潜力主要体现在农村居民部门。全国农村居民部门相对海河流域的节水潜力由 1999 年的 57.13 亿立方米增加到 2007 年的 133.19 亿立方米。我国城镇居民相对海河流域的节水潜力为负，说明我国城镇居民年人均用水量比海河流域少。

（4）从细分部分来看，全国相对海河流域节水潜力较大的部门有农业、电力及蒸汽热水生产和供应业(不含水电)、化学工业、金属冶炼及压延加工业、造纸印刷及文教用品制造业、食品制造及烟草加工业等，这些部门是提高用水效率的重点部门。

第 5 章

分行业用水效率变化的多因素分解分析
模型研究和应用

随着全球气候变化影响日益明显及我国工业化、城镇化进程加速，我国社会经济发展与水资源、水环境承载力不足的矛盾将更加突出。解决水资源供需不协调可从两方面入手，即水资源使用总量的控制和水资源利用效率的提高，其中水资源利用效率的提高是关键。那么，科学客观地评价当前我国各行业用水效率及其差异，并且探讨影响水资源利用效率的因素便成为亟待研究的问题。了解行业用水效率及其影响因素是实现行业节水的前提和基础。同时，这也为政策设计者和决策者制定有效的行业节水政策和法律法规提供必要的参考（Xia，2010；Liao et al.，2010）。

5.1 研究综述

自从 Lofting 和 McGauhey（1968）将水资源作为生产要素（用物理单位衡量）引入传统的投入产出模型，用于估算加利福尼亚州经济发展的水资源需求量，投入产出分析方法在用水效率分析方面得到了广泛的应用。Chen（2000）研究了山西省水资源的供需平衡。此后，Bouhia（2001）把水工业在投入产出表中单独列出，提出了一个水利经济模型。Duarte 等（2002）基于投入产出分析，使用假设抽取法评价了西班牙水消费的内部效应和引致效应。Velázquez（2005）建立了一系列用水效率的评价指标，并研究了部门之间的水消耗关系。Liu（2012）通过加入固定资产的影响对用水效率评价指标的计算公式进行了改进。

　　为了找到不同部门用水效率的影响因素，通常用到分解分析的方法。目前的分解分析方法主要有两类，即 SDA 方法和指标分解分析(index decomposition analysis，IDA)方法(Hoekstra and van der Bergh，2003)。SDA 方法的一大优点是该方法包含间接需求影响，即下游行业的投入需求会影响到该行业所需要投入的水资源量。而在之前的研究中，IDA 方法无法衡量间接需求的影响。对同一个变量，可以有多种不同的 SDA 分解形式，一些学者，如 Shapely(1953)、Rose 和 Casler(1996)、Dietzenbacher 和 Los (1997)、Ang 和 Choi (1997)、Dietzenbacher 和 Los (1998)、Ang 等(1998)、Ang 和 Liu (2001)、Haan (2001)，Roca 等(2007)在 SDA 方法的设计和改进上做了很多贡献。因为投入产出表可以给出详细的结构，使 SDA 方法具有另外一个优势，即能够区别一系列技术效应和结构效应，这一点是既有的 IDA 模型不能做到的。但 SDA 方法也具有数据获得性差的缺点，因为投入产出表通常每五年编制一次，基于投入产出表的 SDA 方法通常会受到数据不足的制约。而 IDA 方法可以用于任何集成度的数据。因为对数据的要求不高，并且很容易处理时间序列数据和海量数据，IDA 方法得到了更广泛的应用。

　　IDA 模型中有多种不同的指标分解方法(Albrecht et al.，2002；Ang et al.，1998)。Ang (2004)对不同方法和它们的优缺点进行了总结。Huang (1993)，Sinton和 Levine (1994)发展了几种 IDA 的变型方法。然而，在很多时候这些分解方法的选择比较随意，哪种分解方法是最好的还没有达成共识。Ang 等(1998)及 Ang (2004，2005)认为 LMDI(logarithmic mean Divisia index，即对数平均 D 氏指数)法比其他方法更具有优越性，因为该方法具有路径独立、可处理零值、汇总一致性等优点。但我们看到的既有的 LMDI 模型，通常是把一个时间序列指标分解为 3～5 个影响因素，如技术效应和结构效应等，然而这些指标的内涵太广，在实践中不易于跟踪监测和实际调整。

　　为克服 LMDI 模型的局限性，结合投入产出方法可考虑间接影响的优势，在既有的研究基础上，本章建立了一个新的分解分析模型——MLMDI(multiple logarithmic mean Divisia index，即多因素对数平均 D 氏指数)模型，并将其应用于我国水资源最稀缺的地区之一的北京市，测算了 14 个影响因素对 19 个产业部门用水效率变化的影响程度及贡献率。

5.2　MLMDI 模型

　　基于水资源投入占用产出(input-occupancy-output，IOO)表[表的框架结构见 Liu(2012)]，可以计算直接用水系数和完全用水系数及用水乘数等指标，从而构建 MLMDI 模型。

5.2.1 用水效率衡量指标

通常用各个行业的直接用水系数（Iwd_j）来衡量该行业的用水效率，定义如下：

$$Iwd_j = wd_j / x_j \tag{5.1}$$

其中，wd_j 为 j 部门为实现总产出 x_j 所直接消耗的水资源量。

由于 Iwd_j 没有考虑产品中的间接用水量，本章引用 Liu（2012）关于用水效率的评价指标——完全用水系数 $I\overline{w}t$，它的计算公式为

$$I\overline{w}t = Iwd \, (I - A - \hat{\gamma}D)^{-1} \tag{5.2}$$

其中，D 为固定资产直接占用系数矩阵；$\hat{\gamma}$ 为固定资产折旧系数对角矩阵。

5.2.2 MLMDI 模型结构

由式（5.1）可以得到

$$wd_j = Iwd_j \times x_j \tag{5.3}$$

又知

$$wt_j = I\overline{w}t_j \times y_j \tag{5.4}$$

在（5.4）式中，$I\overline{w}t_j > 0$，如果 $y_j < 0$ 则 $wt_j < 0$。
即

$$wt_j / y_j = |wt_j| / |y_j| \tag{5.5}$$

其中，y_j 为 j 行业最终需求；wt_j 为满足最终需求 y_j 的直接和间接用水量。由式（5.4）和式（5.5）可以推导出式（5.6）。

$$
\begin{aligned}
I\overline{w}t_j = wt_j / y_j = |wt_j| / |y_j| = & \left(wd_j / \sum_{j=1}^{n} wd_j \right) \times \left(|wt_j| / wd_j \right) \\
& \times \left(\sum_{j=1}^{n} wd_j / \sum_{j=1}^{n} Va_j \right) \times \left(\sum_{j=1}^{n} Va_j / Va_j \right) \times \left(Va_j / L_j \right) \times \left(L_j / \sum_{j=1}^{n} L_j \right) \\
& \times \left(\sum_{j=1}^{n} L_j / RP \right) \times \left(RP / AA \right) \times \left(AA / GP \right) \times \left(GP / wd_1 \right) \\
& \times \left(wd_1 / Ex_1 \right) \times \left(Ex_1 / \sum_{j=1}^{n} Ex_j \right) \times \left(\sum_{j=1}^{n} Ex_j / Ex_j \right) \times \left(Ex_j / |y_j| \right)
\end{aligned}
\tag{5.6}
$$

其中，Va_j 表示 j 部门增加值；L_j 表示 j 部门从业人员数量；RP 表示农村人口数量；AA 表示可耕种面积；GP 表示调查年的粮食产量；wd_1 表示部门 1 的直接用水量；Ex_j 表示 j 部门出口和调出量（价值型）。

记 $I1_j = \mathrm{wd}_j / \sum\limits_{j=1}^{n} \mathrm{wd}_j$，$I2_j = |\mathrm{wt}_j| / \mathrm{wd}_j$，$I3 = \sum\limits_{j=1}^{n} \mathrm{wd}_j / \sum\limits_{j=1}^{n} \mathrm{Va}_j$，$I4_j =$

$\sum\limits_{j=1}^{n} \mathrm{Va}_j / \mathrm{Va}_j$，$I5_j = \mathrm{Va}_j / L_j$，$I6_j = L_j / \sum\limits_{j=1}^{n} L_j$，$I7 = \sum\limits_{j=1}^{n} L_j / \mathrm{RP}$，$I8 = \mathrm{RP} / \mathrm{AA}$，

$I9 = \mathrm{AA} / \mathrm{GP}$，$I10 = \mathrm{GP} / \mathrm{wd}_1$，$I11 = \mathrm{wd}_1 / \mathrm{Ex}_1$，$I12 = \mathrm{Ex}_1 / \sum\limits_{j=1}^{n} \mathrm{Ex}_j$，$I13_j =$

$\sum\limits_{j=1}^{n} \mathrm{Ex}_j / \mathrm{Ex}_j$，$I14_j = \mathrm{Ex}_j / |y_j|$。式(5.6)可以写为

$$\mathrm{I\overline{w}t}_j = I1_j \times I2_j \times \cdots \times I14_j \tag{5.7}$$

式(5.7)表示，$\mathrm{I\overline{w}t}_j$ 可以被分解为 14 个因素的乘积，表 5.1 中列出了各因素的经济意义及其所代表经济和技术结构效应。

表 5.1　14 个分解指标的经济含义和代表的经济和技术结构说明

指标	经济含义	代表含义
$I1_j$	j 部门直接用水量占总的直接用水量的比例	直接用水结构
$I2_j$	j 部门的用水乘数	间接的用水强度
$I3$	单位增加值的直接用水量	平均的直接用水效率
$I4_j$	所有部门增加值之和与 j 部门增加值之比	经济结构
$I5_j$	j 部门单位从业人员的增加值	劳动生产率
$I6_j$	j 部门从业人员数与各部门从业人员总数之比	劳动结构
$I7$	从业人员总数与乡村人口之比	近似于城乡结构
$I8$	单位耕地面积上的乡村人口	农业用工水平
$I9$	单位粮食产量所需的耕地面积	农业技术水平
$I10$	粮食产量与农业直接用水量之比	农业直接用水效率
$I11$	农业直接用水量与农产品出口量和调出量之比	一定程度上反映农产品出口和调出与农业直接用水量的关系
$I12$	农产品出口量和调出量与总的出口和调出量之比	农业出口和调出占总出口和调出的比例结构
$I13_j$	总的出口和调出量与 j 部门出口和调出量之比	出口和调出的产业结构
$I14_j$	j 部门出口和调出量占 j 部门最终消费量的比例	j 部门产品区域内和区域外消费结构

从基期 0 到考察期 1，j 部门完全耗水系数的变化（$\Delta\mathrm{I\overline{w}t}_j$）可用下式计算：

$$\Delta\mathrm{I\overline{w}t}_j = \mathrm{I\overline{w}t}_j^1 - \mathrm{I\overline{w}t}_j^0 = I1_j^1 \times I2_j^1 \times \cdots \times I14_j^1 - I1_j^0 \times I2_j^0 \times \cdots \times I14_j^0$$
$$= \Delta\mathrm{I\overline{w}t}_j^{I1} + \Delta\mathrm{I\overline{w}t}_j^{I2} + \cdots + \Delta\mathrm{I\overline{w}t}_j^{I14} + \Delta\mathrm{I\overline{w}t}_j^{\mathrm{rsd}} \tag{5.8}$$

其中，$\Delta\mathrm{I\overline{w}t}_j$ 表示 14 个因素及其交互影响的变化之和；$\Delta\mathrm{I\overline{w}t}_j^{I1}$ 表示直接用水结构变化的作用；$\Delta\mathrm{I\overline{w}t}_j^{I2}$ 表示用水乘数变化的作用，其中考虑了间接用水的影响；

$\Delta \mathrm{I\overline{w}t}_j^{I3}$ 表示直接用水效率变化的作用，…，$\Delta \mathrm{I\overline{w}t}_j^{rsd}$ 表示 14 种因素交互影响的作用。我国大约 70% 的淡水用于农业，这部分提高用水效率的潜力最大，本章特意设置了 $I8 \sim I12$ 这五个与农业用水紧密相关的因素。

设

$$L_j = (\mathrm{I\overline{w}t}_j^1 - \mathrm{I\overline{w}t}_j^0)/\ln(\mathrm{I\overline{w}t}_j^1/\mathrm{I\overline{w}t}_j^0) \tag{5.9}$$

则

$$\Delta \mathrm{I\overline{w}t}_j^{Ik} = L_j \times \ln(Ik_j^1/Ik_j^0), \quad j=1, 2, \cdots, n; k=1, 2, \cdots, 14 \tag{5.10}$$

$$\Delta \mathrm{I\overline{w}t}_j = \sum_{k=1}^{14} \Delta \mathrm{I\overline{w}t}_j^{Ik}, \quad j=1, 2, \cdots, n \tag{5.11}$$

$$\Delta \mathrm{I\overline{w}t}_j^{rsd} = 0, \quad j=1, 2, \cdots, n \tag{5.12}$$

5.3　北京地区用水状况

北京市坐落于华北平原的北部边缘，作为我国的政治、文化和经济中心，已经连续 10 余年遭受干旱，而快速发展的经济和日益增加的人口更是加剧了该地区的水资源短缺。2011 年北京市的人均可用水量已经降到了 100 立方米，约为国际公认警戒水平的 1/10。

2012 年北京市总供水量为 35.9 亿立方米，比 2011 年减少 0.1 亿立方米。其中地表水为 5.2 亿立方米，占总供水量的 14%；地下水 20.4 亿立方米，占总供水量的 57%；再生水 7.5 亿立方米，占总供水量的 21%；南水北调河北应急调水 2.8 亿立方米，占总供水量的 8%；2012 年全市总用水量为 35.9 亿立方米，比 2011 年减少 0.1 亿立方米。其中生活用水 16.0 亿立方米，占总用水量的 44%；环境用水 5.7 亿立方米，占 16%；工业用水 4.9 亿立方米，占 14%；农业用水 9.3 亿立方米，占 26%。

从 2000 年到 2012 年，北京市的工业用水和农业用水在不断减少，生活用水和环境用水在不断增加(图 5.1)。快速的城市化进程伴随着住房和生活条件的改善，使北京市的生活用水量迅速增加。预计北京市"十二五"期间将面临每年 13 亿立方米的水资源短缺，约占北京市年用水量的 1/3。为提高用水效率，节约水资源，北京市设定 2015 年城市用水量上限为 40 亿立方米。

本章按照 Liu(2012)中水资源投入占用产出表的框架编制了 2002 年和 2007 年北京市水资源投入占用产出表。北京市用水强度最大的 10 个产业部门 1~10 被专门划分出来。由于数据的局限性，其他工业部门没能详细划分，该表共包含 19 个产业部门(表 5.2)。

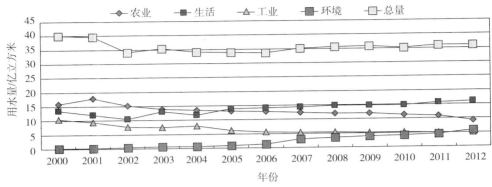

图 5.1　2000～2012 年北京市 4 类用水和总用水量的变化图

资料来源:《北京市水资源公报》(2012 年)

表 5.2　2002 年和 2007 年北京市水资源投入占用产出表的部门分类

部门代码	部门名称	部门代码	部门名称
1	农林牧渔业	11	其他工业
2	食品制造业	12	商业
3	饮料制造业	13	住宿和餐饮业
4	化学原料及化学制品制造业	14	科学研究和综合技术服务业
5	医药制造业	15	教育事业
6	非金属矿物制品业	16	卫生、社会保障和社会福利业
7	黑色金属冶炼及压延加工业	17	公共管理和社会组织
8	交通运输设备制造业	18	水利、环境和公共设施管理业
9	通信设备、计算机及其他电子设备制造业	19	建筑业和其他第三产业
10	电力、热力的生产和供应业		

5.4　数据来源

本研究中所用的 2002 年和 2007 年北京市投入产出表由北京市统计局编制和发布。四个主要部门(农业、工业、生活和环境)的直接用水量来自于 2002 年和 2007 年北京市《北京市水资源公报》。各工业部门的直接用水量根据段志刚等(2007)、许兆杰(2006)及 2002 年和 2007 年《北京市水资源公报》中的数据推算而来。第三产业各部门的直接用水量根据王莹等(2008)及 2002 年和 2007 年《北京市水资源公报》中的数据推算而来。从业人员数和固定资产数据来源于 2003 年和 2008 年《北京统计年鉴》和 2008 年北京市经济普查数据。

5.5 模型应用

应用 MLMDI 模型，可以将北京市 2002 年和 2007 年的 $\Delta I\bar{w}t_j$（$j=1$，2，…，19）完全独立地分解至 14 个影响因素和它们的交互影响，限于篇幅，本章仅列出前 10 个部门的分解结果（表 5.3）。

表 5.3　2002 年和 2007 年北京市 10 个部门 $\Delta I\bar{w}t_j$（$j=1$，2，…，19）的分解结果

部门代码	1	2	3	4	5	6	7	8	9	10
$\Delta I\bar{w}t_j^{I1}$	−143.9	101.5	107.3	26.8	24.7	39.1	30.5	29.0	10.5	11.1
$\Delta I\bar{w}t_j^{I2}$	−198.9	141.8	−12.8	24.2	11.8	−33.1	71.1	0.6	−78.4	−330.6
$\Delta I\bar{w}t_j^{I3}$	−740.1	−190.5	−201.4	−70.1	−64.7	−55.8	−77.2	−41.4	−31.2	−93.3
$\Delta I\bar{w}t_j^{I4}$	698.2	51.8	221.1	−13.2	−1.3	35.1	−4.5	−15.4	2.5	−65.6
$\Delta I\bar{w}t_j^{I5}$	90.4	74.1	−100.6	75.1	33.9	25.0	105.5	42.1	6.7	76.3
$\Delta I\bar{w}t_j^{I6}$	−357.1	−14.7	−3.0	−21.0	5.1	−27.5	−56.0	−2.6	9.1	43.7
$\Delta I\bar{w}t_j^{I7}$	425.5	109.5	115.8	40.3	37.2	32.1	44.4	23.8	17.9	53.7
$\Delta I\bar{w}t_j^{I8}$	169.8	43.7	46.2	16.1	14.8	12.8	17.7	9.5	7.2	21.4
$\Delta I\bar{w}t_j^{I9}$	−497.6	−128.1	−135.4	−47.1	−43.5	−37.5	−51.9	−27.8	−20.9	−62.7
$\Delta I\bar{w}t_j^{I10}$	354.8	91.3	96.6	33.6	31.0	26.8	37.0	19.9	14.9	44.7
$\Delta I\bar{w}t_j^{I11}$	−342.6	−88.2	−93.2	−32.4	−29.9	−25.8	−35.7	−19.2	−14.4	−43.2
$\Delta I\bar{w}t_j^{I12}$	−726.3	−187.0	−197.7	−68.8	−63.5	−54.8	−75.7	−40.6	−30.6	−91.6
$\Delta I\bar{w}t_j^{I13}$	726.3	−38.1	126.1	37.2	45.3	−36.9	22.4	−60.2	5.2	194.8
$\Delta I\bar{w}t_j^{I14}$	324.9	82.6	87.3	−36.2	−33.4	69.6	−91.0	45.6	80.8	117.4
$\Delta I\bar{w}t_j^{rsd}$	0.0	0.0	0.0	0.0	0.0	0.0	0.0	0.0	0.0	0.0
合计	−216.6	49.7	56.3	−35.5	−32.5	−30.9	−63.4	−36.7	−20.7	−123.9

表 5.3 中 $\Delta I\bar{w}t_j^{Ik}$，（$k=1$，2，…，14）为负值时表示相应因素的变化会使 $I\bar{w}t_j$ 减小，反之亦然。根据表 5.3 可计算 14 个影响因素对 $\Delta I\bar{w}t_j$ 的贡献率。按照贡献率绝对值的大小进行降序排列，对 $\Delta I\bar{w}t_j$（$j=1$，2，…，19）影响最大的前 5 个因素见表 5.4。

表 5.4　影响 $\Delta I\bar{w}t_j$（$j=1$，2，…，19）的前 5 个主要因素及它们的绝对贡献率（AVCR）

部门代码	第一影响因素	AVCR	第二影响因素	AVCR	第三影响因素	AVCR	第四影响因素	AVCR	第五影响因素	AVCR
1	I12	3.35	I13	3.35	I3	3.42	I4	3.22	I9	2.30
2	I3	3.83	I12	3.76	I9	2.57	I2	2.85	I7	2.20

续表

部门代码	第一影响因素	AVCR	第二影响因素	AVCR	第三影响因素	AVCR	第四影响因素	AVCR	第五影响因素	AVCR
3	$I4$	3.93	$I3$	3.58	$I12$	3.51	$I9$	2.41	$I13$	2.24
4	$I5$	2.11	$I3$	1.97	$I12$	1.93	$I9$	1.32	$I7$	1.13
5	$I3$	1.99	$I12$	1.96	$I13$	1.39	$I9$	1.34	$I7$	1.15
6	$I14$	2.25	$I3$	1.8	$I12$	1.77	$I1$	1.26	$I9$	1.21
7	$I5$	1.66	$I14$	1.43	$I3$	1.22	$I12$	1.19	$I2$	1.12
8	$I13$	1.64	$I14$	1.24	$I5$	1.15	$I3$	1.13	$I12$	1.11
9	$I14$	3.87	I	3.76	$I3$	1.49	$I12$	1.47	$I9$	1.00
10	$I2$	2.67	$I13$	1.57	$I14$	0.95	$I3$	0.75	$I12$	0.74
11	$I2$	1.21	$I1$	0.98	$I3$	0.92	$I12$	0.90	$I9$	0.62
12	$I3$	2.13	$I12$	2.09	$I9$	1.43	$I7$	1.23	$I10$	1.02
13	$I3$	4.26	$I12$	4.18	$I6$	3.72	$I7$	2.45	$I10$	2.04
14	$I13$	2.52	$I3$	2.23	$I12$	2.19	$I2$	1.87	$I14$	1.74
15	$I14$	2.55	$I13$	2.34	$I3$	1.63	$I5$	1.62	$I12$	1.59
16	$I14$	2.52	$I2$	1.45	$I3$	1.26	$I13$	1.25	$I12$	1.24
17	$I14$	8.00	$I13$	7.93	$I3$	1.23	$I12$	1.2	$I9$	0.82
18	$I1$	3.75	$I3$	2.65	$I12$	2.60	$I5$	1.97	$I7$	1.52
19	$I3$	1.39	$I12$	1.36	$I5$	1.07	$I9$	0.93	$I7$	0.80

由表 5.3 和表 5.4 可知以下内容。

(1)对所有部门而言,$I3$ 和 $I12$ 基本都位列在影响最大的前 5 个因素内,$I9$ 位列在影响最大的前 3~8 个因素内。这些结果表明,减小单位增加值的直接用水量可以明显提高各个部门的用水效率,这个结论是显而易见的,也从侧面证明了模型的合理性。

$I12$ 和 $I9$ 的排序表明,农产品的出口和调出率的降低、单位耕地面积粮食产量的增加,明显地提高了各个部门的用水效率。在 19 个部门中,$\overline{Iw}t_1$ 最大。每减少 10 000 元的农产品调出,北京市将总共节水 772.6 立方米。每公顷耕地粮食产量每增加 1%(43.9 千克/公顷),每公顷耕地将会节约 53.57 吨的直接用水量。

(2)$I4$ 是部门 3 影响最大的因子,对部门 1 的影响在各因子中排在第四位,对部门 6、10 和 16 的影响在各因子中排在前七位。对于其他 14 个部门,$I4$ 对它们的影响排在后四位。这些结果表明,对大多数行业而言,产业结构调整并没有有效提高它们的用水效率。郭磊和张士峰(2004)指出 1990~2000 年的产业结构调整对水资源节约的贡献率呈现上升趋势,1990~1994 年的贡献率为 29.5%,而在 1998~2000 的贡献率为 46.1%。2000 年后产业结构调整的节水潜力变小。

（3）对于部门 13、7、1、12、14，$I6$ 都是排名 3～7 位的影响因素，对其他 14 个部门而言，$I6$ 则属于后 5 位的影响因子。这表明，不同行业间劳动力结构的变化对提高它们的用水效率影响较小。

（4）对所有的行业而言，$I8$ 都是后 5 位的影响因素，$I7$ 都属于前 4～9 位，这表明，将城市化进程控制在合理的速度范围内有利于提高用水效率。在 2000～2010 年，北京市总用水量并没有随着城市化水平的提高而增加，而是稳定在 40 亿立方米左右，这主要是因为工业用水和农业用水的大幅度减少抵消了城市生活用水需求的增加。2011 年年末，北京市常住人口为 2 019 万人，城镇化率为 86.2%，比 2001 年上升了 8.1%，2015 年城镇化率将可能达到 90%。在城市化进程中应注意水资源的承载力是否与之匹配。

5.6　本章小结

本章建立了一个新的 MLDMI 分解模型，与以往的 LMDI 模型不同，此模型可以衡量间接需求的影响，可以严格地将一个指标的变化完全独立地分解为 14 个因素的不同影响，这些因素可以反映 10 多种技术和经济结构的影响，如经济结构、劳动力结构、城乡结构、出口与调出结构、直接用水结构、用水乘数、劳动生产率、农业用水强度等。相比于 SDA 模型，本模型更易于区分一系列的技术影响和结构影响。而且，大部分分解后的因素在实际中更容易监测和调整。MLDMI 模型还可以被推广应用于不同地区的能源、劳动力和其他自然资源使用强度变化的分解分析。

应用该模型将 2002～2007 年北京市各行业用水效率的变动进行分解，结果表明，减少农产品的调出量、提高农业生产技术水平，要比产业结构调整更能有效提高各个行业的用水效率。不同行业间劳动力结构的变化对提高它们的用水效率影响较小。将城市化进程控制在合理的速度范围内有利于提高用水效率。

第 6 章

水资源在产业部门间的优化配置研究

随着人口的不断增长和经济社会的快速发展，自 2003 年以来我国用水总量逐年增加，排放的废水、污水也在不断增加，水资源短缺与经济社会发展、生态环境保护之间的矛盾越来越突出。面对日益严峻的水资源问题，进行水资源优化配置研究，对高效、合理地利用有限的水资源，促进我国经济社会和生态环境的协调发展显得十分必要，是保证经济可持续发展和实现水资源可持续利用的有效手段。

6.1 研究综述

目前，国内外许多学者对水资源优化配置问题进行了研究，提出了各种理论和方法，主要有模拟技术、动态规划和多目标规划等。在国际方面，1960 年科罗拉多等几所大学对需水量的估算及满足未来需水量的途径进行了探讨，这个研究体现了水资源优化配置的思想。Herbertson 和 Dovey(1982)利用水库的控制曲线，以产值最大为目标，输水能力和需水量为约束条件，利用二次规划方法对水资源优化配置问题进行了研究。Upmanu 等(1995)建立了地表水和地下水联合运用的多目标规划模型，该模型将地表水和地下水的处理费用纳入了管理目标。Wong 和 Sun(1997)提出支持地表水、地下水、外调水联合运用的多目标多阶段优化配置模型，在需水预测中区分了地表水、地下水和外调水，并考虑了地下水污染的防治措施，体现了水资源利用和水资源保护之间的关系。Sasikumar 和Mujumdar(1998)建立了污水排放模糊优化模型，提出了流域水质管理经济上和技术上可行的方案。20 世纪 90 年代中期以后，水资源优化配置模型出现了新的趋势，一方面神经网络和遗传算法等计算技术被不断引入新模型中，另一方面水断与地理信息系统和水文模型等相结合。Chandramoudi 和 Raman(2001)将神经网络算法引入到动态规划模型，建立了水库系统调度优化模型。Mckinnyd 和 Cai(2002)把水资源管理模型和地理信息系统有机地结合起来，模拟了流域水资源优化配置问题。近十几年以来，在可持续发展理论指导下，研究者普遍认为单纯的市场机制或行政手段都难以满足水资源优化配置的要求，应建立综合的水资源优化配置机制，保障社会-经济-水资源-环境协调发展（Ahmd and Sarma，2005；王浩等，2004）。

在国内方面，自 20 世纪 80 年代初，水资源优化配置问题在我国学术界得到了充分重视，开展了相关的理论和应用研究，在模型的基本概念、优化目标、需水管理、供水管理、水质管理等的数学描述方面，有较多的研究成果，经广泛应用取得了很好的经济效益和社会效益。李寿声(1986)在对内蒙古河套平原地表水和地下水联合优化调度中，采用动态规划方法确定各种作物的灌溉用水定额和灌溉次数。吴泽宁(1990)建立了水资源优化配置的多目标模型及其二阶分解协调模型，并应用于三门峡市的水资源优化配置。甘泓和尹明万(1999)结合新疆的水资源实际状况，研制出可适用于大型水资源系统的智能供需水平衡模型，模型考虑了生态与环境用水和水资源系统结构复杂、要素众多的特点。方创琳(2001)综合利用投入产出模型、层次分析模型、系统动力学模型、生产函数模型等决策方法研究了柴达木盆地水资源优化配置的基准方案。王立正(2004)在对人民胜利灌区水资源现状和供需平衡进行分析的基础上，提出了灌区水资源优化配置的模式，主要包括空间配置、时间配置、用水配置、水源配置和工程布局配置等。陈南祥等(2006)利用遗传算法的内在并行机制及其全局优化的特性，运用一种基于目标排序计算适应度的多目标遗传算法，将水资源优化配置问题模拟为生物进化问题，通过判断每一代个体的优化程度来优胜劣汰，从而产生新一代，如此反复迭代完成水资源优化配置。侯景伟等(2011)为了解决复杂的水资源优化配置问题和丰富智能优化方法在水资源优化配置中的应用，建立了以经济、社会、环境综合效益最大为目标的水资源优化配置模型和多目标鱼群-蚁群算法。姜国辉等(2012)以博弈论为基本理论框架，在水市场存在的条件下对初始水权和水资源税进行博弈分析，运用倒推法求解子博弈精炼纳什均衡，从而得出如何分配初始水权分配和水资源税征收数额，实现对流域水资源的优化配置。

随着水资源短缺和水环境不断恶化，人们已清醒地认识到对水资源的研究目标不可是单纯地追求经济发展，必须强调水资源利用、经济增长、环境保护和社会发展要协调一致。目前，国内外有关水资源优化配置的研究也以多目标模型为主，但多从单个产业角度来研究，没有在部门层面反映用水量和废水排放的特征，也没有考虑到国民经济各部门复杂的相互关系。为此，本章在借鉴国内外有关水资源优化配置的研究成果的基础上，利用 2007 年我国 51 个部门水利投入占用产出表，结合水利投入占用产出模型和多目标规划模型，综合考虑经济效益、社会效益、环境效益及相应的用水约束，在部门层面对我国用水量进行了优化配置。

6.2　用水量多目标优化配置模型

水资源优化配置是一种复杂的多目标决策问题，其目标不是追求某一方面或某一对象的效益最好，而应追求整体效益最好。全面考虑我国经济、社会与环境协调发展的实际情况，选择经济效益、社会效益、环境效益三者的综合效益最大作为优化模型的目标，具体是分别以区域供水净效益最大、区域相对缺水程度最小、区域废水排放量最小表示。在优先满足生活用水的条件下，建立水资源优化配置的多目标规划模型，对我国各部门的用水量进行优化配置。

6.2.1　目标函数及约束条件

目标 1：经济效益。以供水净效益最大来表示：

$$\max f_1(x) = \sum_{j=1}^{n} x_j / a_{wj} \tag{6.1}$$

其中，x_j 为第 j 部门的配置水资源量；a_{wj} 为第 j 部门的增加值用水系数（吨/万元）。

目标 2：社会效益。以相对缺水程度最小来表示：

$$\min f_2(x) = \sum_{j=1}^{n} (d_j - x_j) / d_j \times \beta_j \tag{6.2}$$

其中，d_j 为第 j 部门的实际用水量；x_j 为第 j 部门的配置水资源量；β_j 为第 j 部门在整个社会中的重要性权重，用第 j 部门的增加值占 GDP 的比重表示。

目标 3：环境效益。以区域废水排放量最小来表示：

$$\min f_3(x) = \sum_{j=1}^{n} x_j \times p_j \tag{6.3}$$

其中，p_j 为第 j 部门的废水排放率；x_j 为第 j 部门的配置水资源量。

约束一：供水能力约束。区域内水源向所有用户的供水量之和应小于其可供水量：

$$\sum_{j=1}^{n} x_j \leqslant W \tag{6.4}$$

约束二：需水约束。第 j 部门从水源获得的水量应该介于该部门需水量的上下限之间：

$$dl_j \leqslant x_j \leqslant dh_j \tag{6.5}$$

约束三：非负约束。

$$x_j \geqslant 0 \tag{6.6}$$

6.2.2 多目标线性规划模型的解法

多目标线性规划有着两个和两个以上的目标函数，且目标函数和约束条件全是线性函数，其数学模型表示为

$$\max \begin{cases} z_1 = c_{11}x_1 + c_{12}x_2 + \cdots + c_{1n}x_n \\ z_2 = c_{21}x_1 + c_{22}x_2 + \cdots + c_{2n}x_n \\ \quad\quad\quad\quad\vdots \\ z_r = c_{r1}x_1 + c_{r2}x_2 + \cdots + c_{rn}x_n \end{cases} \tag{6.7}$$

约束条件为

$$\text{s. t.} \begin{cases} a_{11}x_1 + a_{12}x_2 + \cdots + a_{1n}x_n \leqslant b_1 \\ a_{21}x_1 + a_{22}x_2 + \cdots + a_{2n}x_n \leqslant b_2 \\ \quad\quad\quad\quad\vdots \\ a_{m1}x_1 + a_{m2}x_2 + \cdots + a_{mn}x_n \leqslant b_m \\ x_1, \ x_2, \ \cdots, \ x_n \geqslant 0 \end{cases} \tag{6.8}$$

若式(6.7)中只有一个 $z_i = c_{i1}x_1 + c_{i2}x_2 + \cdots + c_{in}x_n$，则该问题为典型的单目标线性规划模型。记 $\boldsymbol{A} = (a_{ij})_{m \times n}$，$\boldsymbol{C} = (c_{ij})_{r \times n}$，$\boldsymbol{b} = (b_1, \ b_2, \ \cdots, \ b_m)^{\mathrm{T}}$，$\boldsymbol{x} = (x_1, \ x_2, \ \cdots, \ x_n)^{\mathrm{T}}$，$\boldsymbol{Z} = (Z_1, \ Z_2, \ \cdots, \ Z_r)^{\mathrm{T}}$。

则上述多目标线性规划可用矩阵形式表示为

$$\max \boldsymbol{Z} = \boldsymbol{Cx}$$
$$\text{s. t.} \begin{cases} \boldsymbol{Ax} \leqslant \boldsymbol{b} \\ \boldsymbol{x} \geqslant 0 \end{cases} \tag{6.9}$$

由于多目标规划问题的各个目标之间一般具有矛盾性和不可公度性，要求所有目标均达到最优一般是不可能的，因此多目标规划问题往往只有有效解（非劣解）。目前求解多目标线性规划问题有效解的方法主要有理想点法、线性加权和法、最大最小法、目标规划法和模糊数学求解法。

1. 理想点法

先求解 r 个单目标问题：$\min\limits_{x \in D} Z_j(x)$，$j = 1, \ 2, \ \cdots, \ r$，设其最优值为 Z_j^*，称 $\boldsymbol{Z}^* = (Z_1^*, \ Z_2^*, \ \cdots, \ Z_r^*)$ 为值域中的一个理想点，因为一般很难达到。于是，在期望的某种度量之下，寻求距离 $\boldsymbol{Z}^*$ 最近的 $\boldsymbol{Z}$ 作为近似值。一种最直接的方法是最短距离理想点法，构造评价函数

$$\varphi(\mathbf{Z}) = \sqrt{\sum_{i=1}^{r} (Z_i - Z_i^*)^2} \tag{6.10}$$

然后极小化 $\varphi[\mathbf{Z}(x)]$，即求解

$$\min_{x \in D} \varphi[\mathbf{Z}(x)] = \sqrt{\sum_{i=1}^{r} [Z_i(x) - Z_i^*]^2} \tag{6.11}$$

并将它的最优解 x^* 作为目标函数在这种意义下的"最优解"。

2. 线性加权和法

在具有多个目标的问题中，人们总希望对那些相对重要的目标给予较大的权系数，因而将多目标问题转化为所有目标的加权求和的单目标问题，基于这个现实，构造如下评价函数，即

$$\min_{x \in D} \mathbf{Z}(x) = \sum_{i=1}^{r} \omega_i Z_i(x) \tag{6.12}$$

将它的最优解 x^* 作为目标函数在线性加权和意义下的"最优解"（ω_i 为加权因子，其选取的方法很多，如专家打分法、容限法和加权因子分解法等）。

3. 最大最小法

在决策的时候，采取保守策略是稳妥的，即在最坏的情况下，寻求最好的结果，按照此想法，可以构造如下评价函数，即

$$\varphi(\mathbf{Z}) = \max_{1 \leqslant i \leqslant r} Z_i \tag{6.13}$$

多目标规划问题转化为如下单目标规划问题，即

$$\min_{x \in D} \varphi[\mathbf{Z}(x)] = \min_{x \in D} \max_{1 \leqslant i \leqslant r} Z_i(x) \tag{6.14}$$

其最优解 x^* 可以作为目标函数在最大最小意义下的"最优解"。

4. 目标达到法

$$\operatorname*{Appr}_{x \in D} \mathbf{Z}(x) \to \mathbf{Z}^0 \tag{6.15}$$

把原多目标线性规划 $\min_{x \in D} \mathbf{Z}(x)$ 称为和式(6.15)的目标规划相对应的多目标线性规划。为了用数量来描述式(6.15)，在目标空间 E^r 中引进点 $\mathbf{Z}(x)$ 与 $\mathbf{Z}^0$ 之间的某种"距离"。

$$D[\mathbf{Z}(x), \mathbf{Z}^0] = \left[\sum_{i=1}^{r} \lambda_i (Z_i(x) - Z_i^*)^2\right]^{1/2} \tag{6.16}$$

这样式(6.15)便可以用目标函数 $\min_{x \in D} D[\mathbf{Z}(x), \mathbf{Z}^0]$ 来描述了。

5. 模糊数学求解方法

在对多目标规划问题进行求解时，需要采取折中的方案，使各目标函数都尽可能的大。模糊数学规划方法可对其各目标函数进行模糊化处理，将多目标问题转化为单目标，从而求该问题的模糊最优解。

具体的方法为：先求在约束条件 $\begin{cases} \boldsymbol{Ax} \leqslant \boldsymbol{b} \\ \boldsymbol{x} \geqslant 0 \end{cases}$ 下各个单目标 Z_i，$i=1$，2，$\cdots$，r 的最大值 Z_i^* 和最小值 Z_i^-，伸缩因子设为 $d_i = Z_i^* - Z_i^-$，$i=1$，2，$\cdots$，r。

$$\begin{cases} \max \boldsymbol{Z} = \boldsymbol{\lambda} \\ \sum_{j=1}^{n} c_{ij} x_j - d_i \boldsymbol{\lambda} \geqslant Z_i^* - d_i, \quad i=1, 2, \cdots, r \\ \sum_{j=1}^{n} a_{kj} x_j \leqslant b_k, \quad k=1, 2, \cdots, m \\ \boldsymbol{\lambda} \geqslant 0, \ x_1, x_2, \cdots, x_n \geqslant 0 \end{cases} \tag{6.17}$$

式（6.17）是一个简单的单目标线性规划问题，模糊最优解为 $\boldsymbol{Z}^{**} = \boldsymbol{C}(x_1^*, x_2^*, \cdots, x_n^*)^{\mathrm{T}}$。

利用式（6.17）来求解的关键是对伸缩指标的 d_i 确定，d_i 是我们选择的一些常数，由于在多目标线性规划中，各子目标难以同时达到最大值 Z_i^*，但是可以确定的是各子目标的取值范围，它满足：$Z_i^- \leqslant Z_i \leqslant Z_i^*$，所以，伸缩因子 d_i 可以按如下取值：$d_i = Z_i^* - Z_i^-$。

6.3   结果及分析

6.3.1   目标达到法的 Matlab 求解

多目标规划问题的各种解法的求解思路大同小异，大都是将多目标规划问题转化为单目标规划问题，本节选取目标达到法来求解 6.2 节建立的多目标规划模型。目标达到法的特点是将多目标规划问题转化为非线性规划问题，但是在进行二次规划过程中，一维搜索的目标函数选择不是一件容易的事情，因为在很多情况下，很难决定是使目标函数变大好还是变小好。目标达到改进法可通过将目标达到问题变成最大最小问题来获得更合适的目标函数，Matlab 优化工具箱中的 fgoalattain 函数实现了上述改进。fgoalattain 函数利用已知的目标函数 $\boldsymbol{f}(x) = [f_1(x), f_2(x), f_3(x)]$ 对应其目标函数系列 $\boldsymbol{f}(x) = [f_1^*, f_2^*, f_3^*]$，并允许其有正负偏差，偏差的大小由加权系数向量 $\boldsymbol{W}$ 控制，目标达到法可以表示为

$$\min \max(\boldsymbol{\gamma}_i) \tag{6.18}$$

其中，$\boldsymbol{\gamma}_i = \dfrac{f_i(x) - f_i^*}{\omega_i}$，$i=1$，$2$，$3$。

fgoalattain 函数求解多目标规划目标达到法的规划模型如下：

$$\min \gamma$$

$$\text{s. t.} \begin{cases} \boldsymbol{f}(x) - \boldsymbol{\omega}\gamma \leqslant \boldsymbol{g} \\ \boldsymbol{A}x \leqslant \boldsymbol{B} \\ \boldsymbol{A}_{eq}\boldsymbol{x} = \boldsymbol{B}_{eq} \\ \boldsymbol{c}(x) \leqslant 0 \\ \boldsymbol{c}_{eq}(x) = 0 \\ \boldsymbol{x}_m \leqslant \boldsymbol{x} \leqslant \boldsymbol{x}_M \end{cases} \tag{6.19}$$

其中，x、$\boldsymbol{\omega}$、$\boldsymbol{g}$、$\boldsymbol{B}$、$\boldsymbol{B}_{eq}$、$\boldsymbol{x}_m$、$\boldsymbol{x}_M$ 为向量，$\boldsymbol{A}$ 和 $\boldsymbol{A}_{eq}$ 为矩阵，$\boldsymbol{c}(x)$、$\boldsymbol{c}_{eq}(x)$ 和 $\boldsymbol{f}(x)$ 为函数组成的向量。

函数 fgoalattain 在 Matlab 优化工具箱中的调用格式为

$$[\text{x, fval}] = \text{fgoalattain}(\text{f, x}_0, \text{g, } \omega, \text{A, B, A}_{eq}, \text{B}_{eq}, \text{x}_m, \text{x}_M, \text{c, c}_{eq}) \tag{6.20}$$

其中，各参数的含义如下：f 为目标函数 f(x)；x_0 为优化搜索的初始值；g 为函数 f 要达到的目标值；ω 为权值向量，控制目标逼近的步长；x_m 为优化搜索取值的下限；x_M 为优化搜索取值的上限；fval 为返回目标函数在最优解 x^* 处的函数值。

2007 年我国经济取得较快发展，GDP 相比 2006 年增长 13%，假定对用水量进行优化配置后，GDP 仍能有小幅增长，经济效益目标设定为 GDP 在 2007 年的基础上增长 1%。2006 年我国 GDP 增长 11.6%，废污水排放量下降了 3.7%，而 2007 年我国 GDP 增长 13%，废污水排放量增长了 10.3%，2007 年的废污水排放量有较大的降低空间，设定在对用水量进行优化配置后，废污水排放量在 2007 年的基础上降低 10%。对用水量进行优化配置后，各部门的优化配置用水量与实际用水量不宜相差太大，为保障各部门的用水，设定社会目标为优化配置用水量与实际用水量的相对缺水率为 0.1%。

6.3.2　结果及分析

利用函数 fgoalattain 对用水量优化配置的多目标规划模型进行求解，各部门的配置用水量如表 6.1 所示，各产业的配置用水量如表 6.2 所示，部门代码对应的部门名称见附录中表 2。

表 6.1　我国各部门用水量优化配置结果（单位：亿立方米）

部门	实际量	配置量	部门	实际量	配置量	部门	实际量	配置量
1	3 482.59	3 482.59	4	10.50	10.48	7	51.56	51.54
2	9.64	9.62	5	12.46	12.45	8	28.79	28.79
3	16.15	16.15	6	123.78	123.77	9	9.32	9.31

续表

部门	实际量	配置量	部门	实际量	配置量	部门	实际量	配置量
10	166.98	166.96	24	391.69	391.69	38	2.01	2.00
11	19.41	19.40	25	1.50	1.49	39	2.55	2.54
12	255.39	255.38	26	27.61	27.59	40	0.98	1.00
13	44.01	44.00	27	9.24	9.18	41	0.17	0.20
14	135.84	135.83	28	2.32	2.32	42	0.19	0.22
15	25.33	25.33	29	24.18	24.17	43	56.93	56.93
16	55.29	55.29	30	28.68	28.68	44	0.28	0.32
17	20.54	20.53	31	1.21	1.23	45	0.07	0.09
18	21.49	21.48	32	2.49	2.53	46	0.30	0.30
19	9.25	9.24	33	0.91	1.04	47	0.25	0.26
20	2.69	2.68	34	11.95	11.89	48	1.40	1.38
21	1.49	1.48	35	1.69	1.69	49	0.20	0.21
22	5.45	5.43	36	2.87	2.88	50	0.33	0.28
23	3.14	3.14	37	0.14	0.15	51	115.91	115.91

表 6.2　我国三次产业用水量优化配置结果（单位：亿立方米）

产业划分	实际用水量	配置用水量
第一产业	3 598.50	3 598.50
第二产业	1 451.08	1 450.98
第三产业	149.52	149.59
所有产业	5 199.10	5 199.07

　　2007 年全国实际用水总量为 5 199.10 亿立方米，优化配置用水量为 5 199.07 亿立方米，比实际用水量减少了 300 万立方米。其中第一产业的优化配置用水量与实际用水量相比不增不减，第二产业的优化配置用水量相比减少 1 000 万立方米，第三产业的优化配置用水量相比增加了 700 万立方米。虽然第一产业的每万元产值用水量较高，为 1 255.6 立方米，但是第一产业的废水排放为 0，在经济效益、环境效益和社会效益的多目标情景下，其优化配置用水量不增不减。第二产业的每万元产值用水量和废水排放量分别比第三产业高 93.4 立方米和 28.3 立方米，从而第二产业的优化配置用水量减少，第三产业的优化配置用水量增加。

　　第一产业的部门 1 农业（不含淡水养殖、生态林）和部门 51 淡水养殖业的优化配置用水量和实际用水量相比不增不减。部门 1 和部门 51 的每万元产值用水量都较高，分别为 1 219.2 立方米和 2 209.7 立方米，但这两个部门的废水排放都为 0，在经济效益、环境效益和社会效益的多目标情景下，其优化配置用水量不增不减。

第二产业大多数部门的优化配置用水量都低于实际用水量，如部门 2 煤炭采选业、部门 4 金属矿采选业、部门 7 纺织业、部门 10 造纸印刷及文教用品制造业、部门 26 建筑业（不含水利建筑业）和部门 48 城市及工业供水业等，其中部门 2、部门 4、部门 26 和部门 48 虽然每万元产值用水量低于第二产业的平均值，但它们的每万元产值废水排放量均高于第二产业的平均值；部门 7 的每万元产值用水量与第二产业平均值相差不大，但每万元产值废水排放量比第二产业平均值高 61 立方米；部门 10 的每万元产值用水量和废水排放量均较高，分别比第二产业平均值高 361 立方米和 222 立方米。部门 40 防洪除涝河道整治水利建筑业、部门 42 水利生态环境建筑业和部门 44 专用水源工程及水电特定水库建筑业等的优化配置用水量高于实际用水量，这些部门的每万元产值用水量和废水排放量都较低。另外，部门 3 石油和天然气开采业、部门 8 服装皮革羽绒及其他纤维制品制造业、部门 15 金属制品业、部门 16 机械工业、部门 23 废品及废料、部门 24 电力及蒸汽热水生产和供应业（不含水电）等的优化配置用水量等于实际用水量。

对于第三产业的各个部门，部门 27 货物运输及仓储业（不含淡水运输业）、部门 34 社会服务业（不含污水处理）和部门 50 内河航运业等优化配置用水量与实际用水量相比减少较多，部门 27 和部门 34 的每万元产值用水量与第三产业的平均值相差不大，但它们的每万元产值废水排放量比第三产业平均值高 24 立方米左右；部门 50 的每万元产值用水量和废水排放量都高于第三产业的平均值。部门 32 金融保险业、部门 33 房地产业和部门 41 防洪除涝河道整治水利管理业等优化配置用水量比实际用水量高，这三个部门的每万元产值用水量和废水排放量都较低，如部门 32 的每万元产值用水量和废水排放量分别为 1.9 立方米和 0.7 立方米，部门 33 的每万元产值用水量和废水排放量分别为 0.7 立方米和 0.3 立方米，部门 41 的每万元用水量和废水排放量分别为 1.8 立方米和 1.7 立方米，而第三产业的平均每万元产值用水量和废水排放量分别为 14.5 立方米和 8.9 立方米。其他部门，包括部门 28 邮电业、部门 30 饮食、部门 43 水利生态环境建设（非建筑业）和部门 46 污水处理业的优化配置用水量与实际用水量相等，这几个部门虽然每万元产值用水量高于第三产业平均值，但每万元产值废水排放量低于第三产业平均值。

以上结果说明，在实际用水量基本不变的前提下，在第二产业中减少部门 2 煤炭采选业、部门 4 金属矿采选业、部门 7 纺织业、部门 10 造纸印刷及文教用品制造业、部门 26 建筑业（不含水利建筑业）等 19 个部门的用水量 2 100 万立方米，增加部门 40 防洪除涝河道整治水利建筑业、部门 42 水利生态环境建筑业、部门 44 专用水源工程及水电特定水库建筑业、部门 47 农业灌溉及农村供水业、部门 49 水力发电 5 个部门的用水量 1 100 立方米；在第三产业中减少部门 21 机械设备修理业、部门 27 货物运输及仓储业(不含淡水运输业)、部门 29 商业、部门 34 社会服务业(不含污水处理)、部门 38 其他综合技术服务业(不含水生态和水利管理)等 7 个部门的用水量 1 900 立方米，增加部门 31 旅客运输业(不含淡水客运业)、部门 32 金融保险业、部门 33 房地产业、部门 36 教育文化艺术及广播电影电视业、部门 37 科学研究事业等 7 个部门的用水量 2 600 立方米，可使GDP 在 2007 年的基础上增加 1%，污水排放量减少 10%，优化配置用水量与实际用水量的相对缺水率为 0.1%。

6.4   本章小结

本章利用 2007 年我国 51 个部门的水利投入占用产出表，综合考虑水资源的经济属性、社会属性和环境属性，在保障生活用水的基础上，考虑经济效益、社会效益、环境效益及相应的用水约束，建立了我国用水量优化配置的多目标规划模型，对我国各部门的用水量进行了优化配置。优化配置结果如下：2007 年全国优化配置用水量 5 199.07 亿立方米，比实际用水量少 300 万立方米，其中第一产业的优化配置用水量为 3 598.50 亿立方米，与实际用水量相等；第二产业的优化配置用水量为 1 450.98 亿立方米，比实际用水量少 1 000 万立方米；第三产业的优化配置用水量 149.59 亿立方米，比实际用水量高 700 万立方米。

在实际用水量基本不变的前提下，在第二产业中减少部门 2 煤炭采选业、部门 4 金属矿采选业、部门 7 纺织业、部门 10 造纸印刷及文教用品制造业、部门 26 建筑业(不含水利建筑业)等 19 个部门的用水量 2 100 万立方米，增加部门 40 防洪除涝河道整治水利建筑业、部门 42 水利生态环境建筑业、部门 44 专用水源工程及水电特定水库建筑业、部门 47 农业灌溉及农村供水业、部门 49 水力发电 5 个部门的用水量 1 100 立方米；在第三产业中减少部门 21 机械设备修理业、部门 27 货物运输及仓储业(不含淡水运输业)、部门 29 商业、部门 34 社会服务业(不含污水处理)、部门 38 其他综合技术服务业(不含水生态和水利管理)等 7 个部门的用水量 1 900 立方米，增加部门 31 旅客运输业(不含淡水客运业)、部门 32金融保险业、部门 33 房地产业、部门 36 教育文化艺术及广播电影电视业、部门 37 科学研究事业等 7 个部门的用水量 2 600 立方米，可使 GDP 在 2007年的基础上增加 1%，污水排放量减少 10%，优化配置用水量与实际用水量的相对缺水率为 0.1%。

第 7 章

水资源影子价格的计算与预测研究

　　我国是全球水价最低的国家之一，美国水价是我国的五倍，欧洲一些国家的水价是我国的十几倍。我国的水价低于家庭收入的 1％，而世界平均水平是家庭收入的 3％ 左右并还在不断上行中。也就是说我们要达到世界平均水平还需上涨三倍以上的水价。水价偏低是造成我国水资源短缺的主要原因之一。

　　在城市化初期，我国水价的内容仅限于城市从自然中取水、净化、输送和排放的成本与收益，也就是传统意义上的城市供水价格。当城市污水的排放对自然的影响超出了自然水体的自净能力，水价中就加入了污水处理和环境补偿的费用，也就是传统意义上的城市污水处理费和排污费。当城市就近水源不能满足城市发展的总量需求，远距离调水甚至跨流域调水的成本进入水价，形成水利工程供水价格。当水资源总量稀缺，不能满足以需定供的水资源配给方式，水资源开始有价，并且以成本形式进入水价，形成水资源费。2004 年年初，国务院以文件形式明确了城市水价的四元结构组成，即水资源费、水利工程供水价格、城市供水价格及污水处理费四部分。水价构成大体是三个方面，即源水成本、运营成本、税费成本，其中源水成本占 20％、运营成本占 70％、税费成本占 10％。我国水价偏低的主要原因之一是水资源费偏低，没有确切反映水资源的价值与稀缺程度。在实施最严格水资源管理制度的过程中，我国水资源价格改革将逐步推进。国务院把深化水资源等价格改革、建立健全排污权有偿使用和交易制度列为 2012 年深化经济体制改革的重点工作之一。实际上，各地水价调整工作也在稳步推进。2012 年 2 月 14 日，广州市公布自来水价调整方案，居民水价从此前的 1.3 元/吨最高上调至 2.02 元/吨，同时以 22 吨为红线，实施阶梯水价。这是自 2011 年长沙、西安等城市宣布上涨水价以来，国内首个一线城市首发水价上涨令。此前，已有北京、重庆、江苏、山东等近 20 个省市相继预披露水价改革方案。方案中除普遍提及的涨水价、实施阶梯水价外，更涉及相关配套改革措施。我国水价改革的主基调是理顺水资源价格、供水价格和污水处理费的定价机制。

对水资源的影子价格进行计算与预测研究，可以帮助我们更合理的度量水资源价格，消除价格扭曲对投资项目决策、评价的影响，更为全面地反映水资源的经济价值和利用程度，以利于水资源的合理开发、高效利用，解决水资源供需矛盾。

7.1　研究综述

影子价格是 20 世纪 50 年代由荷兰数理经济学家、计量经济学家詹恩·丁伯根(Jan Tinbergen)和苏联经济学家、数学家康托罗维奇(Kantorovitch)提出的，其理论基础是边际效用价值论，主要反映的是资源稀缺性和价格的关系。影子价格又称最优计划价格或效率价格，它是指有限资源或产品在最优分配、合理利用条件下，对社会目标的边际贡献或边际收益的最大化(张晓萍和陈楚玉，2001；沈菊琴等，2002；宋建军等，2004)。

对于水资源的影子价格，主要有以下三种计算方法(沈大军等，1998；张金水，2000；陈锡康，1985；陈锡康等，2011)。

(1)可计算一般均衡模型，从一般均衡理论出发，水资源作为非水利部门的投入物和水利部门的产出物的影子价格应等于供求均衡价格。

(2)边际价格法，其在数学上表示为应用微积分描述水资源的影子价格。

(3)线性规划方法，即用线性规划方法求解资源最优配置，其资源约束行对应的对偶解就是资源的影子价格。

应用以上三种不同的影子价格模型，国内很多专家学者(赵景文，1995；赵光滨，1997；吴恒安，1997；张志乐，1999；曾祯和潘恒，1999；汪党献等，1999)对我国不同时段和不同区域的水资源影子价格进行了测算并得出了相关结论。刘秀丽等(2009)则把投入产出模型和数学规划方法结合起来，建立一个即使国民经济各部门相互平衡，保持一定比例，又使 GDP 达到最大的规划模型，从理论意义上计算了全国和九大流域片生产用水和工业用水的影子价格。以上基于水资源影子价格的预测研究通常是对我国水资源总量的研究，本章应用水利投入占用产出表，把水资源细分到各个部门，进而对各部门的水资源影子价格进行预测研究。

7.2　全国及九大流域片水资源影子价格的计算

在我国用水统计中，通常将水资源划分为农业用水、工业用水、生活用水、生态与环境用水四类，其中，农业用水是指用于农业灌溉和淡水养殖的用水；工业用水是指工业生产过程中所用的水量，包括原料用水、动力用水、冲洗用水和冷却用水等；生活用水是指城镇和农村生活用水，其中，城镇生活用水包括居民用水和公共用水(含服务业、餐饮业、运输邮电业、建筑业等行业用水)，农村生活用水包括居民生活用水和牲畜用水；生态与环境用水是指为维护生态环境不再进一步恶化并逐渐改善所需要消耗的地表水和地下水资源总量，主要包括维持河流的生态基流、维持必要的湖泊与湿地水面、维持一定地下水水位用水、水土保持用水、污染水域的稀释更新用水及城市河湖用水。

本节基于 2002 年全国及九大流域片水利投入占用产出表，建立线性规划模型，计算 2002 年全国及九大流域片的农业用水、工业用水、生活用水、生态与环境用水及生产用水的影子价格(农业用水、工业用水、生活用水及生态与环境用水都是与生产活动密切相关的，我们将它们的总量作为一类，称之为生产用水，并计算它的影子价格，用于衡量水资源总体的价值水平)；然后应用回归分析等方法建立计算农业用水、工业用水、生活用水、生态与环境用水及生产用水的影子价格的非线性回归模型。

7.2.1　水资源影子价格计算模型

以 2002 年全国及九大流域片水利投入占用产出表中的各生产部门的消耗结构为基础，以当年的 GDP 最大为目标函数，将投入占用产出表中的平衡关系纳入优化模型的约束条件，建立 2002 年全国及九大流域片水资源影子价格的优化模型如下：

$$\max Z = \sum_{j=1}^{n} a_{vj} \times X_j, \ j = 1, \ 2, \ \cdots, \ 51 \tag{7.1}$$

约束条件：

$$AX + Y = X \tag{7.2}$$

$$X^l \leqslant X \leqslant X^h \tag{7.3}$$

$$Y^l \leqslant Y \tag{7.4}$$

$$a_{wj} = \frac{w_j}{X_j} \tag{7.5}$$

$$\sum a_{wj} X_j \leqslant W \tag{7.6}$$

上述模型中，a_{vj} 为 j 部门的增加值系数；a_{wj} 为 j 部门的用水系数；A 为直接消耗系数；X 为总产出列向量；X^1 为总产出下界列向量；X^h 为总产出上界列向量；X_j 为 j 部门的总产出；Y 为最终产品列向量，Y^1 为最终产品列下界向量；w_j 为 j 部门用水总量；W 为可用的水资源总量。式(7.1)~式(7.6)的含义是指在满足投入占用产出平衡式、总产出上下界约束、可实际使用的水量约束等条件下，使各个部门的增加值总量最大。

7.2.2 模型求解及分析

本节在求解生产用水的影子价格时，将 2002 年全国及九大流域片水利投入占用产出表中的所有生产部门(包括服务业)的相关数据代入线性规划模型进行计算；在求解工业用水影子价格、农业用水影子价格、生活用水(包括服务业用水)影子价格和生态与环境用水的影子价格时，则只将该表中对应的工业、农业、生活、生态部门的相关数据代入线性规划模型进行计算，求得各类用水的影子价格。

考虑到利用 linprog 函数求线性规划问题对偶解时的不稳定性，本节利用基于 Matlab 的另一个优化工具箱 Yalmip 进行求解。首先将相关数据代入模型，并标准化为 Yalmip 语言，然后运行程序进行求解，计算结果见表 7.1。

表 7.1 2002 年全国及九大流域片水资源影子价格(单位：元/吨)

区域	海河	淮河	黄河	内陆	长江	松辽	东南	珠江	西南	全国
农业用水	4.53	2.39	2.87	0.89	1.02	2.55	1.49	1.78	0.94	1.72
工业用水	14.35	7.86	9.86	2.64	3.83	9.49	4.49	4.69	5.63	6.86
生活用水	10.41	8.11	8.14	6.85	5.01	7.81	6.21	6.55	6.94	7.77
生态与环境用水	6.78	5.43	5.83	4.84	2.28	4.17	1.55	1.52	2.38	3.14
生产用水	6.27	3.22	4.13	1.28	1.54	3.54	2.07	2.36	1.31	2.83

注：表格中价格为 2002 年现价

由表 7.1 可知，九大流域片中工业用水和生活用水的影子价格相对较高；然后依次是生态与环境用水、生产用水；农业用水的影子价格最小。工业用水影子价格较高一方面是因为工业用水主要是用于冷却用水、空调用水、产品用水、清洗及其他用水，其需要满足水量大，水质好，水温低且稳定等条件，其对水质有较高的要求，一般要求是 I～IV 类水，且需求量较大，故此种用途的水资源稀缺性较高，导致影子价格较高；另一方面，工业用水创造的经济价值要高于生产用水、农业用水等。生活用水的影子价格相对较高，则是因为生活用水对水质的要求较高，主要为 I～III 类水，并且水资源在使用之前需要进行多种工序处理，成本较高，资源相对较为稀缺，因此影子价格也相对较高。农业生产用水，多用于农业灌溉，其对水质的要求较低，根据我国《农业灌溉水质标准》可以发现，其通常只对污染物的含量具有一定的要求，一般情况下Ⅰ～Ⅴ类水都可以用做农业灌溉用水，因此相对其他用水来讲，成本较低，故影子价格相对较低。

从生产用水角度来看，农业用水、工业用水和生产用水的影子价格相差较大，说明了在不同生产过程中，对水资源的要求不同，使水资源在使用过程中的稀缺性上存在较大差异；同时，由于第二产业和第三产业所创造的价值普遍高于第一产业，也使第二、三产业生产用水的影子价格高于第一产业。第二产业中的能源生产部门（即能源供应部门）一向是第二产业中用水较多的部门（占 30% 左右），因此能耗的增加将导致能源生产部门对水的占用的增加。

从不同流域来看，由于受经济结构、种植结构、节水技术水平、水资源禀赋、人口密度等多种因素影响，各流域生产用水影子价格差别较大，其中生产用水影子价格最高的流域是海河流域，达到了 6.27 元/吨，最低的是内陆河流域，仅为 1.28 元/吨。造成各流域影子价格差异的原因从经济上看主要有以下两点。

（1）影子价格的直接经济意义，即资源的稀缺性。海河流域作为我国重要的经济区域，覆盖了京津唐地区，经济十分发达，但其水资源却极其匮乏。从全国范围来看，海河流域的水资源总量较低，仅略高于东南诸河流域及西南诸河流域，位居全国倒数第三；从人均用水量看，海河流域的人均用水量低于 300 立方米，远低于全国人均用水量（428 立方米）。因此，水资源的匮乏是该流域水资源影子价格较高的主要原因。

（2）水资源创造的经济价值。从各大流域看，海河流域的单位用水量（立方米）创造的地区生产总值为 69 元，位居全国第一，而其他流域单位用水量创造的地区生产总值基本都低于 50 元，全国单位用水量创造 GDP 则只有 18.6 元；而从各省级行政区看，单位用水量创造的地区生产总值高于 50 元的北京、天津、山东、山西、辽宁、河南、河北都位于海河流域，同时北京、天津两地单位用水量创造的地区生产总值更是高于 100 元。综上可知，单位用水量创造的经济价值远高于其他流域是海河流域水资源影子价格高的另一个原因。

由于海河流域的影子价格最高，因此本节以海河流域为例，将测算出的工业用水、农业用水、生活用水的影子价格与实际的工业、农业、生活用水的价格对比（表 7.2）（毛春梅，2005；商崇菊等，2008；廖永松，2009）。由表 7.2 知，海河流域各类水的实际价格都远低于测算出的影子价格。这说明，海河流域实际的水资源价格并没有真实反映水资源的价值，需要适当上调。

表 7.2 2002 年海河流域分类用水的影子价格与实际价格的比照(单位：元/吨)

分类用水	工业用水	生活用水	农业用水
影子价格	14.4	10.4	4.5
实际价格	2.1~3.8	2.1~5.2	1.0

注：表格中价格为 2002 年现价

7.3 全国及九大流域片水资源影子价格预测

通常来说，资源的影子价格反映了资源的供需状况和稀缺程度，资源越丰富，其影子价格越低，资源越稀缺，其影子价格越高，即资源的稀缺程度影响着影子价格的大小。

关于影子价格的定义，国内外有着不同的论述。萨缪尔森(1992)定义影子价格是一种资源价格，由线性规划计算而出，反映了资源的边际成本。布伦特(Brent，1996)将影子价格定义为商品或生产要素的边际增量所引起的社会福利的增加值等。本研究采用萨缪尔森关于影子价格的定义，基于投入产出表，通过线性规划模型计算水资源影子价格。由于编制投入产出表耗费人力、物力，而且我国每五年才发布一次投入产出表，表的连续性和可得性差。下面将给出不依赖于投入产出表的计算和预测五类用水影子价格的五个简易计算模型。

对于水资源来说，用水量占水资源总量的比例直接反映了水资源的供求状况，用水量占水资源总量的比例越大，说明该流域水资源越稀缺；用水量占水资源总量的比例越小，说明该流域水资源越充沛。而当用水量占水资源总量的比例大于 1 时，则说明该流域的水资源总量已经供不应求，需要从外部调水。

为了验证以上说法，本节对用水量占水资源总量的比例和各部门用水影子价格的相关性进行了测算，发现用水量占水资源总量的比例与农业用水影子价格的相关系数是 0.768，与工业用水影子价格的相关系数是 0.897，与生活用水影子价格的相关系数是 0.846，与生态与环境用水影子价格的相关系数是 0.682。以上相关系数的测算结果表明，用水量占水资源总量的比例确实和影子价格存在着高度相关性。

通常而言，农业用水属于硬性需求，主要与当地气候环境和种植作物相关，同样，生活用水也属于硬性需求，主要与当地居民的生活用水习惯相关；工业用水和生产用水则可以经过市场价格的调整而进行再分配。当然以上各种用水都受当地用水量占水资源总量的比例影响。

基于以上观点，本节利用表 7.1 中的生产用水影子价格、工业用水影子价格、农业用水影子价格、生活用水影子价格、生态与环境用水影子价格和用水量占水资源的比例、各用水部门的用水指标值，建立非线性回归模型如下：

$$P_{生产}=2.458+1.661×k-0.000\,692×x_1 \qquad (7.7)$$
$$(7.680)\ (6.582) \qquad\quad (-2.798)$$
$$R^2=0.904,\ F=33.07$$

$$P_{工业}=5.477+3.699×k-0.000\,003\,53×x_2^2 \qquad (7.8)$$
$$(7.012) \qquad (4.769) \qquad\quad (-2.086)$$
$$R^2=0.820,\ F=15.90$$

$$P_{农业}=1.194+0.249×k×\log(x_3) \qquad (7.9)$$
$$(5.664) \qquad\quad (6.001)$$
$$R^2=0.819,\ F=35.10$$

$$P_{生活}=6.436+0.175×k×\log(x_4) \qquad (7.10)$$
$$(19.982) \qquad\quad (4.669)$$
$$R^2=0.736,\ F=22.31$$

$$P_{生态}=5.285+1.192×\ln(k) \qquad (7.11)$$
$$(10.905) \qquad\quad (4.365)$$
$$R^2=0.704,\ F=19.05$$

式(7.7)～式(7.11)中 $P_{生产}$、$P_{工业}$、$P_{农业}$、$P_{生活}$、$P_{生态}$ 分别为各流域生产、工业、农业、生活和生态与环境用水的影子价格；x_1、x_2、x_3、x_4 分别为各流域万元 GDP 的用水量、万元工业产值的用水、每亩灌溉用水量和流域人口数；k 为用水量占水资源总量的比例。数据源自 2002 年全国和九大流域片各指标的横截面数据。

式(7.7)～式(7.10)是双因子模型，既考虑了水资源的稀缺程度，也考虑了水资源的边际成本(用万元 GDP 的用水量、万元工业产值的用水量等指标反映)；式(7.11)为单因子变量模型，只考虑了用水量占水资源总量的比例 k 这个因子，这是因为生态与环境用水主要用于生态保护，不产生直接的经济效益，主要受水资源稀缺程度的影响。

应用式(7.7)～式(7.11)，只要给出未来年份的用水量占水资源总量的比例 k 值和用水指标值 x_1、x_2、x_3、x_4，就可以预测出未来年份的影子价格，这些模型不依赖于投入产出表，数据易于获取，计算简便。

本节基于 1998～2010 年《中国水资源公报》中公布的各大流域用水量和水资源总量数据，整理出 1998～2010 年九大流域片的用水量占水资源总量的比例 k

的时间序列(表 7.3),然后应用 ARMA(auto-regressive and moving average,即自回归滑动平均)模型等多个模型分别预测 2015 年和 2020 年九大流域片的用水量占水资源总量的比例和用水指标,同时借鉴宋建军等(2004)及钱正英和张光斗(2001)关于 2015 年和 2020 年中国水资源需水总量的预测数据(6 300 亿~6 600 亿立方米)对其进行修正。

表 7.3　1998~2020 年全国及九大流域片的用水量占水资源总量比例的序列表

区域	海河	淮河	黄河	内陆	长江	松辽	东南	珠江	西南	全国
1998 年	1.20	0.40	0.58	0.35	0.13	0.22	0.12	0.16	0.01	0.16
1999 年	2.22	1.02	0.64	0.37	0.15	0.45	0.14	0.19	0.02	0.20
2000 年	1.48	0.45	0.69	0.38	0.17	0.44	0.15	0.19	0.02	0.20
2001 年	1.96	1.03	0.77	0.36	0.20	0.42	0.15	0.14	0.02	0.21
2002 年	2.51	0.87	0.82	0.39	0.15	0.41	0.14	0.16	0.02	0.19
2003 年	1.17	0.26	0.43	0.44	0.17	0.31	0.20	0.24	0.02	0.19
2004 年	1.23	0.74	0.59	0.46	0.21	0.35	0.25	0.24	0.02	0.23
2005 年	1.42	0.39	0.50	0.42	0.19	0.27	0.14	0.20	0.02	0.20
2006 年	1.78	0.67	0.70	0.44	0.23	0.36	0.14	0.18	0.02	0.23
2007 年	1.55	0.41	0.58	0.47	0.22	0.46	0.19	0.22	0.02	0.23
2008 年	1.26	0.59	0.69	0.48	0.21	0.45	0.20	0.15	0.02	0.22
2009 年	1.30	0.80	0.59	0.53	0.23	0.36	0.21	0.22	0.02	0.25
2010 年	1.20	0.66	0.58	0.18	0.27	0.12	0.18	0.02	0.19	
2015 年 (预测值)	1.41	0.69	0.62	0.50	0.19	0.38	0.21	0.22	0.02	0.21
2020 年 (预测值)	1.43	0.75	0.63	0.52	0.21	0.48	0.25	0.24	0.02	0.23

最终应用式(7.7)~式(7.11),求得全国和九大流域片 2015 年和 2020 年农业用水影子价格、工业用水影子价格、生活用水影子价格、生态与环境用水影子价格和生产用水影子价格,结果见表 7.4 和表 7.5。

表 7.4　2015 年全国及九大流域片水资源影子价格预测(单位:元/吨)

区域	海河	淮河	黄河	内陆	长江	松辽	东南	珠江	西南	全国
农业用水	2.04	1.62	1.60	1.55	1.32	1.44	1.34	1.36	1.21	1.33
工业用水	10.69	8.03	7.76	7.31	6.16	6.87	6.25	6.28	5.52	6.24
生活用水	7.46	6.96	6.88	6.74	6.59	6.71	6.58	6.60	6.45	6.62
生态与环境用水	5.69	4.84	4.71	4.47	3.36	4.13	3.42	3.48	0.80	3.42
生产用水	4.77	3.56	3.43	3.04	2.72	3.03	2.77	2.76	2.36	2.75

注:表中价格为 2010 年不变价

表 7.5　2020 年全国及九大流域片水资源影子价格预测（单位：元/吨）

区域	海河	淮河	黄河	内陆	长江	松辽	东南	珠江	西南	全国
农业用水	2.05	1.66	1.61	1.57	1.33	1.51	1.37	1.37	1.21	1.35
工业用水	10.77	8.25	7.81	7.39	6.25	7.25	6.40	6.36	5.54	6.32
生活用水	7.48	7.01	6.89	6.75	6.61	6.78	6.61	6.61	6.45	6.64
生态与环境用水	5.71	4.94	4.73	4.5	3.42	4.43	3.63	3.58	0.96	3.53
生产用水	4.82	3.68	3.48	3.19	2.78	3.22	2.85	2.82	2.42	2.81

注：表中价格为 2010 年不变价

从表 7.4 可以看出 2015 年九大流域片各部门的影子价格差距依然很大，农业用水的最高价格是最低价格的 1.69 倍；工业用水的最高价格是最低价格的 1.94 倍；生活用水的最高价格是最低价格的 1.16 倍；生态与环境用水的最高价格是最低价格 7.09 倍。

海河流域各类水资源的影子价格均为九大流域片中最高的，农业用水影子价格达到 2.04 元/吨，是全国平均影子价格水平的 1.53 倍；工业用水影子价格达到 10.69 元/吨，是全国平均影子价格水平的 1.71 倍；生活用水影子价格达到 7.46 元/吨，是全国平均影子价格水平的 1.13 倍；生态与环境用水影子价格达到 5.69 元/吨，是全国平均影子价格水平的 1.66 倍。以上结果与海河流域的社会经济和环境条件是密不可分的。海河流域属于温带东亚季风气候区，年平均降水量约 539 毫米，水资源相对较为缺乏；人口密集，大中城市众多，经济相对发达，对水资源的需求量较大，水资源较为稀缺，因此各类用途的水资源影子价格较高。

对比表 7.1 和表 7.4 可以发现 2015 年的生产用水影子价格普遍低于现状，这是因为在模型中万元 GDP 用水量（万元工业增加值用水量）的预测中隐含一个假设，即随着时间的推移，技术提高，工业对水资源的利用效率提高，用水需求有所降低，从而 2015 年水资源影子价格相对 2002 年有所下降。而从各流域的影子价格比较可以发现，海河、黄河等流域的生产用水影子价格在 2015 年有所下降，而其他流域的有所上涨，这是因为"十二五"期间流域之间存在调水，由水资源丰富的流域调水到水资源短缺的海河流域等，自然会造成当地供水量一定程度的降低，进而使当地水资源的影子价格提高。但是对比 2015 年和 2002 年的全国各行业的水资源影子价格，发现其基本上都是降低的。这说明从全国的范围来看，这种区域间的调水对降低我国整体的水资源短缺的压力是有益的。

对比表 7.4 和表 7.5，可以看出 2020 年各大流域各类水资源的影子价格大小顺序并不会发生大的变化。在四类用途的水资源中，基本还是工业用水的影子价格相对较高，农业用水的影子价格最低。在九大流域片中，依然基本是海河流域各类用水的影子价格最高，西南和内陆河流域各类用水的影子价格最低。

同时 2020 年各大流域各类水资源的影子价格均比 2015 年有所提高，其中全国生产用水影子价格、工业用水影子价格、农业用水影子价格、生活用水影子价格、生态与环境用水影子价格的涨幅分别为 2.2%、1.3%、1.5%、0.3%、3.2%。这是因为技术的创新相对经济的发展有一定的延迟或滞后，体现在模型里就是万元 GDP 用水量的下降速度小于用水量占水资源总量的比例的上升速度，两者共同作用于影子价格的结果就使 2020 年各流域水资源的影子价格相对 2015 年有所上涨。但从长期来看，用水效率的提高会有效降低水资源短缺的压力，这是 2015 年和 2020 年水资源影子价格相对 2002 年都将呈下降趋势的主要原因。

7.4 本章小结

本章基于编制的 2002 年全国及九大流域片水利投入占用产出表进行研究和分析，以投入占用产出技术与线性规划相结合的方法建立了用于求解水资源影子价格的优化模型，从理论意义上计算了 2002 年全国及九大流域片的农业用水、工业用水、生活用水、生态与环境用水及生产用水的影子价格，并对相应的计算结果进行了因素分析。同时，将实际水价与影子价格对比，发现实际水价明显偏低，需要适当上调。

然后基于因素分析，建立了农业用水、工业用水、生活用水、生态与环境用水及生产用水的影子价格预测的非线性回归模型。应用该模型本章预测了 2015 年和 2020 年全国和九大流域片的农业用水、工业用水、生活用水、生态与环境用水及生产用水的影子价格。

预测结果显示，2015 年 5 类用途的水资源中，基本还是工业用水的影子价格相对较高，农业用水的影子价格最低。在九大流域片中，依然是海河流域的影子价格基本最高，西南和内陆流域的影子价格最低。2020 年各大流域各类水资源的影子价格大小顺序虽然没有发生大的变化，但是各大流域各类水资源的影子价格均比 2015 年有所提高，其中全国生产用水影子价格、工业用水影子价格、农业用水影子价格、生活用水影子价格、生态与环境用水影子价格的涨幅分别为 2.2%、1.3%、1.5%、0.3%、3.2%。

第 8 章

中国废水排放量的预测研究

　　废水是指居民活动过程中排出的水及径流雨水的总称。它包括生活污水、工业废水和初雨径流入排水管渠等其他无用水，一般指没有利用或没利用价值的水。根据 1986～2013 年《中国统计年鉴》中的数据，1985～2012 全国废水排放量（图 8.1）呈现出明显的上升趋势，2012 年我国废水排放总量达到 684.76 亿吨。全国废水排放量包括工业废水排放量和生活污水排放量。工业废水排放量是指经过企业厂区所有排放口排到企业外部的工业废水量，包括生产废水、外排的直接冷却水、超标排放的矿井地下水和与工业废水混排的厂区生活污水，不包括外排的间接冷却水(清污不分流的间接冷却水应计算在内)。生活污水是指城市机关、学校和居民在日常生活中产生的废水，包括厕所粪尿、洗衣洗澡水、厨房等家庭排水及商业、医院和游乐场所的排水等。

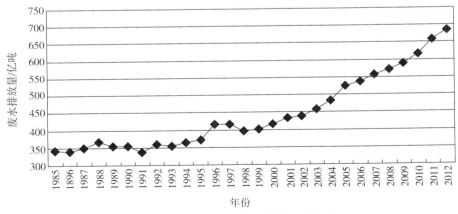

图 8.1　1985～2012 年全国废水排放量

　　1985～2012 年我国工业废水排放量变化幅度较小，略微有下降的趋势，而生活污水排放量上升很快(图 8.2),是近年来全国废水排放量增加的主要原因。在废水排放量不断增加的同时,全国城镇污水处理厂由 2011 年的 3 135 座增加至 2013 年的 3 451 座,污水处理能力也由 1.36 亿立方米/日提高到 1.45 亿立方米/日。对废水排放量进行准确的预测有利于污水处理厂及再生水处理厂设备、资源的有效分配和利用,可根据预测结果提前做好充足准备,依据各河道纳污能力严格控制污水处理,以免发生重大污染事件,同时也为全国用水规划提供理论支持。

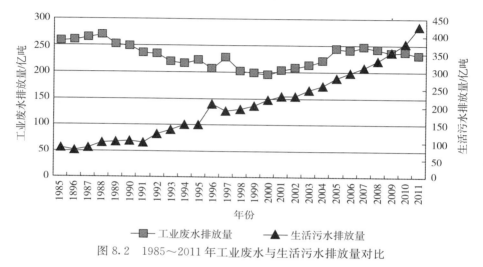

图 8.2　1985～2011 年工业废水与生活污水排放量对比

8.1　研究综述

以往生活污水排放量的预测研究中所使用的方法包括改进的 GM(1,1)模型(阎伍玖等,2008)、偏最小二乘与人工神经网络结合(曹连海等,2009)、层次分析法(张伟等,2010)、系统动力学模型(王凤仙等,2009)等。与生活污水的研究相比,工业废水排放量的研究开始的较早,李秉文和杜红梅(1996)将甘培茨模型用于工业废水排放量的预测,神经网络(Gamal et al.,2002)、影响因素量化分析(谢红彬等,2004)、综合增长指数法(王丽芳等,2008)、多元非线性回归(李磊和潘慧玲,2011)等方法也陆续应用于工业废水排放量的预测研究中,唐志鹏等(2008)提出工业废水排放的投入产出重要系数,用于确定工业废水排放的关键生产链。

已有的研究大多侧重于将工业废水排放量与生活污水排放量分开进行预测研究,对生活污水排放量的预测集中于分析某省市的具体情况,对全国废水排放总量的预测研究较少。而且以上研究由于数据和投入产出表的限制，研究仅截至 2009 年。由于经济发展阶段的不同、经济结构、生产技术、管理水平等的变化，我国废水排放量和其行业特征可能出现新的特点。因此，本章基于 1985～2012 年全国废水排放量等相关数据及 1999 年与 2002 年全国及海河流域 4 张水利投入占用产出表，构建了全国废水排放量预测模型，对 2013～2015 年全国废水排放量进行了预测，并对全国、海河流域 51 个部门单位增加值的废水排放量进行了对比分析。

8.2　预测模型

8.2.1　指标的选择

全国废水排放量包括工业废水与生活污水两部分，因此，在指标的选择过程中要综合考虑反映这两部分变化的变量。由于工业实际生产过程中工艺的改进较为缓慢，各行业平均的单位产值所产生的废水排放量短期内可以视为不变，因此，第二产业生产总值的增加必然导致工业废水排放量的增加，而工业废水在统计过程中，不包含建筑业所产生的废水，因此本章选择工业生产总值（不含建筑业）作为工业废水排放量的一个主要影响因素。生活污水排放量上升的速度较快，与近年来城镇化进程的加快有着密切的联系，我国城镇人口由 1985 年的 25 094 万人增加至 2012 年的 71 182 万人，城市用水量迅速增加，导致生活污水排放量激增。因此，选择城镇人口数量为一个主要影响因素。根据已有文献中选择的指标和定性的判断，可能的影响因素还有 GDP、城镇人口占总人口比重、第三产业产值、第三产业增加值、居民消费水平、每人每天所耗电力、环境污染治理项目投资额（总量）等。

利用上述各变量建立多个不同变量组合的回归模型及 ARMA 模型，根据模型回归结果及模型经济解释的合理性，最终选择确定了两个模型，即模型(8.1)和模型(8.2)。

8.2.2　模型的确立

$$y_1 = 2\,814\,405 + 19.185 \times x_1 + 21.147 \times x_2 - 7.097 \times x_3 \tag{8.1}$$
$$(16.19) \quad (3.27) \quad (2.81) \quad (-1.18)$$
$$R^2 = 0.98；\text{DW} = 1.34$$
$$y_1 = 3\,169\,433 + 41.275 \times x_4 + 0.403 \times \text{AR}(1) \tag{8.2}$$
$$(41.89) \quad (21.12) \quad (2.43)$$

$$R^2 = 0.98; \quad DW = 1.76$$

其中，x_1 为城镇人口数量(万人)；x_2 为工业生产总值(亿元)；x_3 为第三产业增加值(亿元)；x_4 为工业和第三产业的生产总值(以 1980 年价格计算)；y_1 为全国废水排放量(万吨)[①]。x_4 没有考虑第一产业与建筑业两部分，是因为全国废水排放量的统计口径中仅包含工业废水和生活污水，农业生产、农村用水所产生的废水及建筑业产生的废水没有统计在内。

以上两个模型调整后的 R^2 都在 0.98 以上，这说明模型整体拟合效果很好；同时根据各变量对应的 p 值，说明在 5% 的显著性水平下各变量均显著。

8.2.3 模型的检验

应用以上两个模型对 2011～2012 年的全国废水排放进行预测，检验预测精度。模型拟合结果如表 8.1 所示。

表 8.1 模型对全国废水排放量拟合结果

模型 1			
年份	真实值	拟合值	相对误差/%
2011	6 591 922	6 668 870	−1.16
2012	6 847 612	6 760 112	1.27
模型 2			
年份	真实值	拟合值	相对误差/%
2011	6 591 922	6 614 638	−0.34
2012	6 847 612	6 814 650	0.48

从表 8.1 可以看出，以上 2 个模型的拟合误差较小，远低于近 10 年全国废水排放量的平均变化率 4.3%。

8.2.4 模型应用

若对全国废水排放量进行预测，需要首先对所使用的解释变量进行预测，采用指数平滑方法得到 2013～2015 年工业生产总值、第三产业增加值、城镇人口数量的数据，在研究过程中，发现 x_4 这一指标与某三次曲线十分吻合，因此利用三次曲线回归结果得到 2013～2015 年 x_4 的数据。解释变量的预测值见表 8.2。

表 8.2 解释变量预测值

年份	x_1	x_2	x_3	x_4
2013	73 294	223 079	257 608	104 675

---

① 上述方程中的数据来源为：《中国统计年鉴》(1986～2013 年)、全国水利发展统计公报(2006～2010 年)及中经网统计数据库。

年份	x_1	x_2	x_3	x_4
2014	75 406	243 748	283 810	116 499
2015	77 518	264 418	310 011	129 660

利用模型 1 和模型 2 对 2013~2015 年全国废水排放量进行预测(将两个模型得到的预测结果加权平均),结果如下:2013~2015 年全国废水排放量将分别达到 730 亿吨、769 亿吨和 811 亿吨。

由预测结果知,短期内我国废水排放量仍会保持明显上升趋势,废水减排将成为我国未来一个时期内面临的严峻问题。为实现国家对废水排放总量的有效控制,有必要对各个部门的废水排放量、单位增加值废水排放量(wastewater emission of unit added uaule)的变动情况进行深入、细致的对比分析。

8.3　分行业废水排放对比分析

基于 1999 年、2002 年全国及海河流域 51 个部门水利投入占用产出表(表的结构及编制方法见附录),对 1999 年、2002 年全国及海河流域 51 个部门单位增加值废水排放量进行对比分析,主要结果如下。

(1)2002 年全国水利投入占用产出表中,废水排放量最大的 5 个部门依次为:化学工业、造纸印刷及文教用品制造业、金属冶炼及压延加工业、电力及蒸汽热水生产和供应业(不含水电)、食品制造及烟草加工业,其占当年废水排放总量的百分比分别为 20.04%、15.25%、10.65%、9.93%、7.55%,这 5 个部门的占比总和达到了 63.42%,与 1999 年相比,占比变化不大,1999 年这 5 个部门所占的比例依次为 20.61%、13.63%、11.50%、11.41%、7.89%,总占比为 65.04%。

2002 年海河流域废水排放量最大的 5 个部门与此相同,这 5 个部门占当年海河流域废水排放总量的百分比分别为 18.31%、14.04%、12.78%、10.51%、6.35%,占比和为 61.99%,与 1999 年相比,造纸印刷及文教用品制造业由第三位跃居第二位,同时金属冶炼及压延加工业由第二位下降为第三位,其他三个部门的排序未变,且总占比和变化很小。由此可见,1999~2002 年,这 5 个部门是全国和海河流域废水排放的主要来源,若上述 5 个部门的废水排放情况得到有效控制,将在很大程度上减少我国的废水排放量。

(2)2002 年全国单位增加值废水排放量(表 8.3)最大的 5 个部门依次为:水利生态环境建设(非建筑业,1 228.3 立方米/万元)、污水处理业(556.3 立方米/万元)、造纸印刷及文教用品制造业(401.2 立方米/万元)、化学工业(215.4 立方米/万元)、金属矿采选业(194.8立方米/万元)。

表8.3　全国51个部门单位增加值废水排放量(单位：立方米/万元)

部门名称	编号	WEU	部门名称	编号	WEU
农业(不含淡水养殖、生态林)	1	0	货物运输及仓储业(不含淡水运输业)	27	18.8
煤炭采选业	2	63.1	邮电业	28	2
石油和天然气开采业	3	11.8	商业	29	14.6
金属矿采选业	4	194.8	饮食业	30	14.9
非金属矿采选业	5	37.4	旅客运输业(不含淡水客运业)	31	6.6
食品制造及烟草加工业	6	104.8	金融保险业	32	2.5
纺织业	7	175.6	房地产业	33	0.8
服装皮革羽绒及其他纤维制品制造业	8	29.6	社会服务业(不含污水处理)	34	51.2
木材加工及家具制造业	9	12	卫生体育和社会福利业	35	10.1
造纸印刷及文教用品制造业	10	401.2	教育文化艺术及广播电影电视业	36	5.7
石油加工及炼焦业	11	155.4	科学研究事业	37	5.1
化学工业	12	215.4	其他综合技术服务业(不含水生态和水利管理)	38	13
非金属矿物制品业	13	69.1	行政机关及其他行业	39	5.8
金属冶炼及压延加工业	14	177.3	防洪除涝河道整治水利建筑业	40	24.2
金属制品业	15	29.5	防洪减灾水利管理业	41	17.5
机械工业	16	21.4	水利生态环境建筑业	42	156.1
交通运输设备制造业	17	28.7	水利生态环境建设(非建筑业)	43	1 228.3
电气机械及器材制造业	18	19.3	专用水源工程及水电特定水库建筑业	44	154.8
电子及通信设备制造业	19	18.4	供水及综合利用水利管理业	45	18.7
仪器仪表及文化办公用机械制造业	20	14.3	污水处理业	46	556.4
机械设备修理业	21	12.7	农业灌溉及农村供水业	47	0
其他制造业	22	99.2	城市及工业供水业	48	15.3
废品及废料	23	14.4	水力发电	49	0
电力及蒸汽热水生产和供应业(不含水电)	24	176.4	内河航运业	50	68.9
燃气生产和供应业	25	159	淡水养殖业	51	0
建筑业(不含水利建筑业)	26	33.6			

注：表中WEU为2002年全单位增加值废水排放量

同样，基于 2002 年海河流域水利投入占用产出表，可计算得到 2002 年海河流域 51 个部门单位增加值产生的废水排放量，排在前 5 位的行业依次为，水利生态环境建设（非建筑业，913.4 立方米/万元）、污水处理业（300.4 立方米/万元）、造纸印刷及文教用品制造业（280.3 立方米/万元）、电力及蒸汽热水生产和供应业（不含水电，195.6 立方米/万元）、其他制造业（163.3 立方米/万元）。其中，水利生态环境建设（非建筑业）与污水处理业两个部门废水排放总量并不大，在 2002 年全国废水排放量中的排名分别为第 29、24 位，其单位增加值废水排放量大是由于增加值总量较小造成的。

一些部门，如造纸印刷及文教用品制造业、化学工业、金属冶炼及压延加工业等部门，不仅该部门废水排放总量较大，同时单位增加值废水排放量也较大，应加强对这些部门的监管与治理，改善生产工艺，从而减少废水的排放，尤其对化学工业等产生的废水中含有有毒物质的行业要严格监督，防止企业违规排放废水，以免对周围群众及环境造成影响。

（3）将 2002 年全国与海河流域 51 个部门单位增加值废水排放量进行对比，其中有 8 个部门，其全国的单位增加值废水排放量比海河流域低，这些部门的编号依次为 22、24、34、29、31、17、30、36（资本密集型居多，多属第三产业）；另外 39 个部门（劳动密集型居多，多属第二产业）其海河流域的单位增加值废水排放量比全国低，其中前 10 位的部门编号依次为 43、46、10、11、14、12、4、25、7、13，即从 2002 年数据看，与海河流域相比，全国的这 39 个部门在减少废水排放量方面仍有很大的空间。海河流域有其特殊性，它是我国缺水较为严重的地区，同时，作为我国的政治、经济、文化中心，海河流域的经济发展、技术水平在全国处于领先地位，这也是多个部门的单位增加值废水排放量比全国平均水平低的一个重要原因。

除上述 47 个部门外，剩余 4 个部门：农业（不含淡水养殖、生态林）、农业灌溉及农村供水业、水力发电、淡水养殖业，在 1999 年及 2002 年废水排放量均为 0，因此后续分析中只涉及 47 个数据有变动的部门。

（4）由图 8.3 和图 8.4 可知，与 1999 年相比，2002 年全国 51 个部门中单位增加值废水排放量减少的部门有 24 个，减少幅度较大的 10 个部门的编号依次为 24、14、8、9、5、10、40、19、20、18。相反，单位增加值废水排放量增加的部门有 23 个，增加幅度较大的十个部门的编号依次为 43、46、44、42、7、25、4、11、22、34。其中 7 纺织业、4 金属矿采选业、11 石油加工及炼焦业等为我国水污染治理重点部门，但其单位增加值废水排放量仍在增大，说明这些部门在生产、治理、监督过程中存在较大问题，应严格按照国家要求加强对这些部门的监督管理。

（5）与 1999 年相比，2002 年海河流域 51 个部门中单位增加值废水排放量减

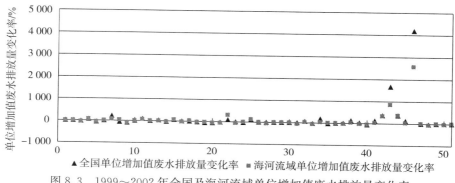

图 8.3　1999~2002 年全国及海河流域单位增加值废水排放量变化率

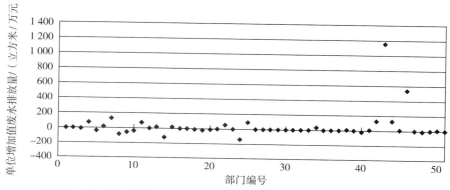

图 8.4　2002 年全国 51 个部门单位增加值废水排放量较 1999 年变化量

少的部门有 26 个，减少幅度较大的前 10 个部门的编号依次为 14、27、5、9、40、48、31、50、19、3。单位增加值废水排放量增加的部门有 21 个，增加幅度较大的前 10 个部门的编号依次为 43、46、22、42、44、25、7、4、11、34。与全国的变化情况大体一致。

（6）从（4）、（5）两部分可以看出，某些部门如 14 金属冶炼及压延加工业、5 非金属矿采选业、9 木材加工及家具制造业等，无论是在海河流域还是全国范围内，其 2002 年单位增加值废水排放量较 1999 年均减少，且减少幅度较大。以金属冶炼及压延加工业为例，清洁生产及污染治理技术（如电解法、吸附法、生物絮凝法等）水平的提高是其单位增加值废水排放量减少的主要原因（李长嘉等，2013），另外，该部门废水治理设施套数由 1999 年的 3 963 套增加至 2002 年的 4 213 套。我国对工业污染治理投资额由 1999 年的 152.7 亿元增加至 2002 年的 188.4 亿元。20 世纪 90 年代以来，我国及各级政府相继颁布《中华人民共和国水法》、《中华人民共和国水污染防治法》等相关法律法规，对废水排放的监督、治理力度不断加大，这些都对我国废水排放量的减少起到了一定的推动作用。

在单位增加值废水排放量增加的部门中，以 46 污水处理业为例，1999～2002 年该部门废水排放总量增加了 5.21 倍，而增加值只是增加了 4.78 倍，从而造成其单位增加值废水排放量变化幅度较大。2000 年我国的污水处理业才正式与国际接轨，之后的 10 年间处于高速发展阶段，污水处理厂的数量成倍增加，这一阶段注重量的发展，在一定程度上忽视了技术水平的提高，使低水平制造能力过剩，高技术含量产品缺乏（中国环境保护产业协会水污染治理委员会，2012）。

8.4　本章小结

本章建立了全国废水排放量预测模型，并预测了 2013～2015 年全国废水排放量，结果表明，2015 年全国废水排放量将达到 810.71 亿吨，比 2000 年增加 395.55 亿吨，比 2010 年增加 193.45 亿吨。

分部门废水排放分析表明：以化学工业为首的 5 个部门废水排放总量占比达到了 60% 以上，若想改善我国的废水排放情况，应首先从这 5 个部门出发，在保证该部门持续发展的同时，对其废水排放情况进行严格监控，鼓励有助于减少废水排放的创新技术在实际生产过程中的应用；金属冶炼及压延加工业等多个部门单位增加值废水排放量减少明显，说明严格的监督治理及科学技术水平的提高对废水排放的影响效果显著；同时，纺织业、金属矿采选业、石油加工及炼焦业等作为我国废水排放的重点治理部门，单位增加值废水排放量却增加，说明减排政策在这几个部门中的实施未能达到很好的效果，相关部门需要重新考量现有的减排政策，并对减排的各个过程进行规范和严格的监督。

第 9 章

主要研究结论与建议

9.1 主要研究结论

本书在分析我国供用水整体状况和水环境质量状况的基础上，进行了我国用水量变化的结构分解分析、预测了我国的需水总量。供用水整体状况方面，评价了全国和海河流域 51 个部门的用水效率，计算了全国 51 个部门相对海河流域的节水潜力。建立了分行业用水效率变化的多因素分解分析模型并予应用。研究了水资源在 51 个部门之间的优化配置。计算和预测了 4 类用水的影子价格。水环境质量方面，对污水排放量进行了预测，对 51 个部门废水排放强度进行了比较分析。基于计算和分析结果，得到如下主要结论。

(1)我国用水总量变动的影响因素研究结果表明：①伴随我国经济的快速发展，人均 GDP* 的增长将导致用水总量的增加，给我国的水资源带来压力。尽管我国的用水效率已有显著提高，但是在当前水资源供需矛盾的形势下亟待采取各种措施进一步提高用水效率以抵消人均 GDP* 增长对我国水资源带来的压力。②除了考虑人均 GDP* 和用水效率对用水量的影响，还应注重投入结构、产业结构和人口变化对用水总量的影响。用水总量的变化取决于各影响因素作用的强弱，当导致用水总量减少因素的作用强于导致用水总量增加的因素时，用水总量将减少，反之用水总量将增加。③从最终需求的视角来看，投资和出口的增长对用水总量增加的影响较大，为了降低用水总量，可以降低投资和出口的比例，通过扩大内需拉动经济增长，转变过度依靠投资和出口的粗放型经济增长方式。④近年来生活用水逐年增加，占用水总量的比重也逐年波动增加，其对用水总量的影响也是需要关注的。

(2)预计2013~2015年我国的用水总量将呈逐步增加的趋势，用水总量约分别为6 159.7亿立方米、6 231.4亿立方米和6 275.9亿立方米。目前2013年实际用水量数据已发布，为6 182.8亿立方米，用该数据检验模型预测精度，2013年预测误差仅为-0.37%。

(3)减少农产品的调出量、提高农业生产技术水平，要比产业结构调整更能有效提高各个行业的用水效率。不同行业间劳动力结构的变化对提高它们的用水效率影响较小。将城市化进程控制在合理的速度范围内有利于提高用水效率。

(4)全国各部门相对海河流域的节水潜力的测算结果表明：1999~2007年，全国相对海河流域的节水潜力不断扩大。全国第一产业相对海河流域的节水潜力最大，超过了总节水潜力的50%；第二产业中的工业部门的节水潜力也较大，占第二产业节水潜力的80%以上；第二产业中的建筑业部门和第三产业的节水潜力较小，但两者的变化较大。全国居民部门相对海河流域的节水潜力主要体现在农村居民部门。从细分部分来看，全国相对海河流域节水潜力较大的部门有农业、电力及蒸汽热水生产和供应业(不含水电)、化学工业、金属冶炼及压延加工业、造纸印刷及文教用品制造业、食品制造及烟草加工业等，这些部门是提高用水效率的重点部门。

(5)对2007年我国各部门的用水量进行了优化配置的结果如下：全国优化配置用水量5 199.07亿立方米，比实际用水量少300万立方米，其中第一产业的优化配置用水量为3 598.50亿立方米，与实际用水量相等；第二产业的优化配置用水量为1 450.98亿立方米，比实际用水量少1 000万立方米；第三产业的优化配置用水量149.59亿立方米，比实际用水量高700万立方米。

在实际用水量基本不变的前提下，在第二产业中减少煤炭采选业、金属矿采选业、纺织业、造纸印刷及文教用品制造业、建筑业(不含水利建筑业)等19个部门的用水量2 100万立方米，增加防洪除涝河道整治水利建筑业、水利生态环境建筑业、专用水源工程及水电特定水库建筑业、农业灌溉及农村供水业、水力发电业5个部门的用水量1 100立方米；在第三产业中减少机械设备修理业、货物运输及仓储业(不含淡水运输业)、商业、社会服务业(不含污水处理)、其他综合技术服务业(不含水生态和水利管理)等7个部门的用水量1 900立方米，增加旅客运输业(不含淡水客运业)、金融保险业、房地产业、教育文化艺术及广播电影电视业、科学研究事业等7个部门的用水量2 600立方米，可使GDP在2007年的基础上增加1%，污水排放量减少10%。

(6)分类用水影子价格的计算和预测结果表明，2002年九大流域片中工业用水和生活用水的影子价格相对较高；然后依次是生态与环境用水、生产用水；农业用水的影子价格最小。在九大流域片中，海河流域各类水的影子价格是最高的。与实际价格对比，2002年海河流域各类水的实际价格都远低于计算出的影子价格。这说明海河流域实际的水资源价格并没有真实反映水资源的价值，需要适当上调。

2015 年农业用水、工业用水、生活用水、生态与环境用水四类用途的水资源中，基本还是工业用水的影子价格相对较高，农业用水的影子价格最低。在九大流域片中，依然是海河流域的影子价格基本最高，西南和内陆流域的影子价格最低。2020 年各大流域各类水资源的影子价格大小顺序虽然没有发生大的变化，不过各大流域各类水资源的影子价格将均比 2015 年有所提高，其中全国生产用水影子价格、工业用水影子价格、农业用水影子价格、生活用水影子价格、生态与环境用水影子价格的涨幅分别为 2.2%、1.3%、1.0%、0.3%、3.2%。

(7)预测 2014~2015 年全国废水排放量，结果表明，短期内我国废水排放量将呈上升趋势。2014~2015 年全国废水排放量将分别达到 710 亿吨、721 亿吨。

对全国及海河流域 51 个部门单位增加值废水排放量进行对比分析，主要结果如下。

(1)1999~2002 年，化学工业、造纸印刷及文教用品制造业、金属冶炼及压延加工业、电力及蒸汽热水生产和供应业(不含水电)、食品制造及烟草加工业是全国和海河流域废水排放的主要来源，若上述五个部门的废水排放情况得到有效控制，将在很大程度上减少我国的废水排放量。

(2)2002 年造纸印刷及文教用品制造业、化学工业、金属冶炼及压延加工业等部门，不仅废水排放总量较大，同时单位增加值废水排放量也较大，应加强对这些部门废水排放的监管与治理。

(3)从 2002 年数据看，与海河流域相比，全国的 51 个部门中 39 个部门在减少废水排放量方面仍有很大的空间。

(4)虽然我国把纺织业、金属矿采选业、石油加工及炼焦业作为水污染治理的重点部门，但 1999~2002 其单位增加值废水排放量仍在增大。建议着重研究其原因，及时调整这些部门的水污染治理方案。

9.2 主要建议

为切实增强水资源对经济社会发展的支撑和保障能力，基于本书第 1~8 章的计算和分析结果，提出如下政策建议。

1. 鼓励农田水利建设投资，同熟期作物统一灌溉，提高农业用水效率

农业一直是我国的用水大户，并且用水效率一直处于较低水平，与发达国家相比仍有较大差距，根据国际灌排委员会(International Committee on Irrigation and Drainage，ICID)的资料，美国节水灌溉面积达到总灌溉面积的 57%，俄罗

斯为 78%，法国为 51%，以色列接近 100%，而中国不到 8%。我国农田水利灌溉设施不完善是其中的一个主要原因。虽然我国为农田水利设施建设不断提供大量的资金支持，但要实现农田水利设施建设的全面改善，仅靠政府拨款远远不够。如果各地区能调动多方面投资共同修建农村水利，将会对我国农田水利改善发展进程的加快产生推动作用。建议各地可以制定优惠政策，鼓励信贷资金在水利建设方面的使用；加大政策性银行投放水利建设的信贷规模；实行财政补息；对水利项目实行减免税扶持政策等。

另外，我国的农业灌溉形式多为各家各户自己灌溉，而我国现有农业灌溉水渠落后，导致用水的大量浪费和灌溉成本的提高。实际上，我国大部分农村农作物比较统一，各村内部农作物种植、成熟时期一致，因此，可以对农田整齐划一、统一灌溉，从而提高农业用水效率。

2. 加强对农户型农业节水技术的资金支持和在农户中的普及力度，切实提高农业用水效率

相关调查研究结果表明（王金霞等，2013；余鹏飞等，2013），国内大多数农户对高效节水灌溉技术的认识还停留在很肤浅的水平上，对专业名词术语概念模糊，对灌溉设备的结构、性能和参数了解甚少，使用操作也不规范。目前祖传、效仿周围农民的成功经验是农户获得并且接受农业节水技术信息的重要渠道，分别约有 95% 和 63% 的农户是通过此渠道了解到传统型和农户型农业节水技术信息。政府部门在推广社区型农业节水技术中发挥着非常重要的作用，而技术推广机构、媒体和农资销售点等宣传渠道发挥的作用仍相对较低。目前，传统型和农户型节水技术的费用主要由农户自筹，而村集体和上级政府则是社区型农业节水技术的主要投资者。缺乏资金和无法获得技术是目前大多数农户无法采用节水技术的主要原因。尽管我国政策加大了对农业节水技术采用的扶持力度，但主要集中在对部分大中型灌区节水技术采用（尤其是主干渠道衬砌方面）的补贴方面；而农田节水技术采用方面的支持力度还十分有限。因而，政府除了应该继续鼓励农业节水技术的研发与推广，尤其是农户型和社区型的节水技术，还应该重视运用政策补贴和金融等手段来激励农民采用节水技术，特别是加强对农户型农业节水技术的资金支持。政府在制定节水技术推广政策中，应该根据不同区域的资源和社会经济等特点设计相应的支持政策。另外，政府还应该加强农业节水技术在农户中的普及力度，提高农户对农业节水技术的认知和掌握程度。

3. 推行供水企业成本信息公开制度，确保成本信息真实可靠

供水成本是水价调整的重要依据，其真实性直接影响到水价调整的合理性，推进成本信息的公开透明是保障信息真实可靠的关键举措。根据《关于做好城市供水价格调整成本公开试点工作的指导意见》（简称《成本公开指导意见》）的要求，选取的试点城市在启动调价程序时，要对供水企业有关经营情况和成本数据公

开，并鼓励供水企业定期公开成本，但当前执行情况并不理想。供水企业成本信息的不公开透明一直是饱受诟病的重要问题，严重制约着水价改革的推进。为此，第一，建立供水企业的成本信息定期公开制度。在《成本公开指导意见》的基本要求基础上，建议明确成本公开的指标清单及公布频率，强制性要求供水企业定期公开。第二，强化成本监审，力促成本信息真实可靠。一是完善财务成本监审制度，要求企业建立符合财务管理标准的完整真实的成本台账，并引入第三方审计，增强审计客观公正性；二是强化成本的社会监督。通过建立网络互动交流平台、电话热线等公众参与方式，提升公众参与成本监审的程度；三是建立成本监审报告的公开制度，接受社会监督。第三，价格主管部门和供水企业要联合设立对成本公开信息的咨询、反映意见、投诉等专门的应对反应平台，并在价格听证会时对意见反馈的情况做出说明。

4. 进一步完善用水计量设施的配套，消除实施阶梯水价的技术障碍，促进居民节水

阶梯水价制度充分发挥市场、价格因素在水资源配置、水需求调节等方面的作用，拓展了水价上调的空间，将增强企业和居民的节水意识，避免水资源的浪费。根据《关于加快建立完善城镇居民用水阶梯价格制度的指导意见》，2015年年底前我国设市城市原则上要全面实行居民阶梯水价制度，具备实施条件的建制镇也要积极推进。虽然阶梯水价制度是促进节水很好的一种制度安排，但其实际节水效果并不乐观。其中一个主要原因是阶梯水价制度的实施需要用水计量设施的配套，实施阶梯水价的先决条件是居民生活用水完成了一户一表和抄表到户的工作，然而目前很多地方还没有具备该条件，硬件不配套成为实施阶梯水价的最大技术障碍；目前大部分地区使用传统水表，仍以人工抄表为主，抄表时间差异影响用水量准确计量，难以适应实施阶梯水价后抄表计量收费的需要。

5. 在水资源最优配置中，局部服从全局，实行水资源统一配置的原则

我国水资源实行国家所有，统一管理的法律制度，这为国家从全局出发统一优化配置水资源提供了法律依据和所遵循的法律原则。在我国水资源紧缺矛盾凸现的趋势下，水资源国家所有权和水资源统一配置权的这种制度设计，有利于有限而紧缺的水资源在全社会进行公平配置，对经济社会可持续发展起到基础保障作用。

在我国这样一个人口众多，人均水资源占有量少，北方黄河流域和海河流域等水资源普遍紧缺和南方水资源局部性紧缺矛盾不断出现的状况下，实行水资源国家所有和水资源统一配置，对缓解区域性缺水矛盾，从总体上保障各区域水资源供需平衡，具有战略性意义。随着我国社会化大生产程度不断提高，从更大广度和深度上，打破行政区域界限，对全国水资源实行统一优化配置，是我国社会主义现代化建设对水资源需求的基本要求。因此，应当进一步树立全局观念，从

全局出发，对水资源进行最优配置和统筹规划。

在水资源最优配置上要做到五个协调，即城乡协调，区域协调，生活、生产和生态协调，水源和引供用水协调，工程措施和非工程措施协调。城乡协调，就是要统筹城乡供水事业，要注重"三农"用水，保障"三农"用水权益。区域协调，就是要针对不同区域之间和水资源差异性，统筹不同流域、不同区域之间的水资源配置，为各个区域提供较为均衡的水资源保障。生活、生产和生态协调，就是按照人与自然和谐、经济社会和谐的要求，在保障生活和生产用水的同时，关注生态与环境用水。水源和引供水协调，就是要加强水资源统一管理和调配，建立统一协调一体化机制，提高水资源配置和使用效益。工程措施和非工程措施协调就是水资源保护开发、利用、管理等各方面既要注重硬件建设，又要注重软件建设，改变重建设、轻管理，重硬件轻软件的状况，充分应用现代信息科技，全面提高水资源建设与管理的层次，促进全国水资源统一配置整体效率迈上一个新台阶。

6. 适应水资源供需变化，对水资源最优配置实行动态管理

水资源最优配置是建立在水资源供需和对未来预测基础上，水资源供需变化常出乎预料，规律性不易把握，水资源最优配置具有阶段性特征，因此要对水资源最优配置要实行动态管理。编制规划经依法批准实施一个时期后，要总结研究，进行评估，对水资源供需情况变化大的，要选择适当时机对区域性水资源最优配置进行规划调整。区县水资源规划的调整必须以区域或流域水资源规划为依据。随着经济发展与产业结构提升，逐步推广普及先进适用节水技术，单位产品耗水量下降，万元 GDP 耗水量下降，因此，要对取水许可实行动态管理，对用水户取水量重新评估、核定、调整。

7. 加强节水技术和器具的推广应用

我国的节水技术已经发展到较高的水平，节水器具的使用更为广泛，截至目前，北京市居民家庭节水器具普及率达到 91％以上，预计 2015 年将达到 95％，苏州、南宁已经达到了 100％，然而这些城市节水器具普及率的迅速提高主要依赖于地区政府的强制性要求及政府提供补贴为居民免费更换等措施，因各级政府财政能力不同、中央财政补贴覆盖范围窄，全国绝大部分中小城市和农村的家庭节水器具普及率仍很低。

节水器具的价格通常比普通器具高出 20％以上，有数据显示，某节水型坐便器至少要冲 1 万次厕所才能节省 200 元的水费(以北京水价计算)，为普通居民带来的经济效益不明显。价钱高、质量良莠不齐、节水效率低是我国现阶段节水器具推广面临的主要难题。许多国家通过协调节水产品价格与水价，利用经济杠杆促进节水；新加坡在开展全民节水教育运动的基础上，推行"省水之家计划"，免费提供节水环、省水袋等，鼓励居民自行安装节水器材；韩国曾要求所有政府

机关必须安装节水设备，强制推行节水技术和设备；澳大利亚等国推行强制性水效率标签计划，保证节水器具质量和节水效果。建议各地区根据自身需要及财政能力，借鉴上述做法逐步提高节水能力。

8. 限制奢侈性水消费

另一个容易被忽视的用水领域是人工造雪滑雪场、洗浴等奢侈性水消费行业，胡勘平曾针对首都奢侈性水消费做出一系列评论，其中提到北京市的 13 个滑雪场一年的用水量超过了 380 万立方米，相当于北京市 42 万人全年的生活用水量，而北京市高尔夫球场年耗水量约为 4 000 万立方米。由此可见我国奢侈性水消费行业的耗水量之大，且与工业用水和生活用水相比，这些行业的用水仅以娱乐为用途，不是必须的用水。2014 年，北京市洗浴业用水价格为 81.68 元/立方米(普通居民用水价格为 4 元/立方米)，洗车业为 61.68 元/立方米，工商业用水为 6.21 元/立方米。建议将人工造雪滑雪场、高尔夫球场等其他奢侈性水消费行业的用水价格提升至与洗浴业相同水平，或实行定额制度，对超出部分实行高额水价，从而抑制奢侈性水消费行业的发展。建议严格审查人工造雪滑雪场等奢侈性水消费企业的申请，控制相关企业数量。

9. 促进海水淡化的规模化经营，开发利用非常规水资源，缓解淡水资源紧缺

我国大部分海水淡化企业规模比较小。尽管 2005 年国家发改委在海水淡化高新技术产业示范专项中要求，反渗透装置规模不低于 5 000 吨/日，蒸馏法装置规模不低于 10 000 吨/日。但是从已建成的海水淡化工程来看，2006 年以来新投产的 67 个海水淡化工程中有 40 个是不满足国家发展改革委员会的这个要求的。2013 年已建成的 103 个海水淡化工程里，只有 25 个是万吨级别及以上的，45 个是千吨级别以下的。截至 2014 年 7 月，我国最大低温多效海水淡化工程规模为日产 20 万吨，最大反渗透海水淡化工程规模为日产 10 万吨。海水淡化业属于资本密集型产业，在一定的产量范围内，固定成本可认为变化不大，新增的产品可以分担更多的固定成本，从而使总成本下降，而且规模越大的企业，可以更有效地承担研发费用等。建议进行小型海水淡化企业的集中规模化组织引导，合并重组一些小型海水淡化企业，集中各企业的优势，并与相关产业联盟(如盐化工等)，推动海水淡化后的副产品开发，实现增值增效，规模发展，提升我国海水淡化产业的国际竞争力。

10. 提高再生水生产能力，加快再生水管网设施的同步建设

2012 年全国再生水利用量约为 44.3 亿立方米，同年废水排放总量为 684.8 亿吨，全年污水处理量为 418 亿立方米，回用量仅占废水排放总量的 6.5%，远低于"十二五"规划中污水回用率达到 10% 的要求。各城市间再生水回用率差距大，2010 年北京市再生水回用率已达到 65%，然而截至 2014 年绝大部分城市再

生水回用率依然很低，以西安为例再生水回用率仍不到 20%，我国再生水生产在"量"上还有很大提升空间。《重点流域水污染防治规划（2011—2015 年）》中提出，到 2015 年，淮河、海河、辽河、黄河中上游流域城市污水再生利用率达到 20%以上，巢湖、滇池流域城市污水再生利用率达到 35%以上。

目前，我国绝大部分城市没有双管供水系统，以西安为例，其管网覆盖范围仅有 43.5 千米，虽然 2014 年其再生水价格 1.17 元/立方米，与自来水价格 4.25 元/立方米相比，对洗车业等非居民用水行业有着明显的价格吸引力，但是其管网覆盖范围限制了未覆盖地区再生水的使用。建议尽快加强旧城区再生水管网改造的规划和实施，同时确保新建社区、单位双管网设施的全覆盖，从而扩大再生水使用范围，提高再生水的利用率。

11. 提高污泥处理处置关注度，加大污泥处理处置投资

污水中绝大部分的污染物被浓缩在污泥当中，因此，污泥不仅含有污水中的重金属、有机污染物、传染病病原体等各种污染物，其 BOD（biochemical oxygen demand，即生化需氧量）、COD（chemical oxygen demand，即化学需氧量）、氨氮、粪大肠菌群等污染物浓度更高，有时超标倍数可达 150 倍以上，不仅殃及地下水、江河水、农田的环境安全，还会直接通过食物链危害人体健康。

截至 2014 年上半年，全国设市城市、县累计建成污水处理厂 3 622 座，污水处理能力每日约 1.53 亿立方米。污水处理能力迅速提高的同时，我国脱水污泥的产生量也从 1978 年的 150 吨/日（5.48 万吨/年），逐步增加到 2010 年的 68 000 吨/日（2 482 万吨/年），增加了 450 多倍，然而我国污泥处理处置能力却未能跟上脚步，根据《中国污泥处理处置市场分析报告（2013 版）》的调研结果，我国污泥处置中卫生填埋占比 67.19%，堆肥占比 12%，近 18%的污泥去向不明。得到无害化处理的污泥仅占 25.1%，其余部分存在严重的二次环境污染风险。

我国污泥无害化处理率低的主要原因是以往年份对污泥关注不够，污泥治理投资低，而随着污水处理业的迅速发展，污泥的产生量成倍增加，因此，应在扩大污水处理能力的同时，提高对污泥处理处置的关注度，加大污泥处理处置投资额。在调整和核拨污水处理费的过程中，将污泥处理和处置的合理成本包括进来，在建设新的污水处理工程中，由国家投入一定的专项资金用于污泥无害化处理设施的建设，以推动污泥处置设施的建设，逐步提高污泥无害化处理规模。

12. 加强水质监管，减少水污染

我国水污染与水短缺现状并存。2013 上半年，全国水功能区水质达标率仅为 46.4%。2012 年全年我国地下水优良级、良好级水质占比仅为 39.1%。水质的保护工作不容忽视。

截至 2013 年，我国共设立 962 个地表水国控断面监测点、4 929 个地下水水

质监测点，其中国家级监测点 800 个，拥有可供正常使用的国家地表水水质自动检测实时数据发布系统，已形成覆盖全部省份中 91% 的地市及 46% 区县的国家饮用水卫生监测网络。同时，为了提高环境监测预警业务能力，环境资源保护部多次举行水环境遥感监测应用技术培训班，提升检测人员环境监测水平。在我国现有的法律中，《中华人民共和国水法》、《中华人民共和国防洪法》、《中华人民共和国水土保持法》、《中华人民共和国水污染防治法》等法律法规都对水质监管所包括的具体内容进行了说明，《重点流域水污染防治规划（2011—2015 年）》进一步对水质维护和污染防治工作做出了规划，详细规定了各流域内需要监管、治理的具体企业。

可以看出，虽然我国已经拥有了较为完善的水质监测系统、水质监测具体内容和标准，但水污染事件仍然频繁发生，其两大主要原因是对流域周围排污企业的实际监管不到位和污染发生时各级政府机构之间沟通、协调能力差，事件处理延误，最终导致污染范围和影响不断扩大。2012 年山西省苯胺泄漏事故，造成下游突发大面积停水，5 天后该事件才被出通报。对突发事件的应急反应能力不强不仅会造成污染的扩散，还可能会造成居民用水恐慌。对此，美国在应急管理方面的做法值得借鉴，美国国土安全部、联邦紧急事务管理署、EPA（Environmental Protection Agency，即环境保护局）及各州、地方政府及其环境保护局之间建立了详细的程序化和文件化的组织协调和负责机制，当紧急事件发生时，将会按照文件规定自动执行、升级和处理，不需要各级政府的签字，省去了复杂的文件传输、批准等过程，提高了应急效率。党的十八届三中全会强调，在水行政管理体制改革方面，核心是加快政府职能转变，重点是深化水利行政审批制度改革，强化资源管理和市场监管，创新水利社会管理和公共服务方式，增强政府公信力和执行力，建设法治政府和服务型政府。建议我国各级水质监控部门之间加强沟通协作，建立统一高效的应急响应系统，减少非必要部门的干预。

参考文献

白颖，王红瑞，许新宜，等.2010.水资源利用效率及评价方法若干问题研究.水利经济，28(3)：1-4.

曹连海，宋刚福，陈南祥.2009.城市生活污水排放量的影响因子分析及关联性研究.环境科学与技术，(1)：102-106.

陈东景.2008.中国工业水资源消耗强度变化的结构份额和效率份额研究.中国人口·资源与环境，18(3)：211-214.

陈南祥，李跃鹏，徐晨光.2006.基于多目标遗传算法的水资源优化配置.水利学报，37(3)：308-313.

陈锡康.1985.经济数学方法与模型.北京：中国财政经济出版社.

陈锡康，杨翠红，等.2011.投入产出技术.北京：科学出版社.

陈锡康，祝坤福，王会娟.2013.2013年我国GDP增长速度预测与经济走势分析.见：中国科学院预测科学研究中心.2013中国经济预测与展望.北京：科学出版社：3-10.

陈锡康，祝坤福，王会娟.2014.2014年我国GDP增长速度预测与经济走势分析.见：中国科学院预测科学研究中心.2014中国经济预测与展望.北京：科学出版社：3-11.

陈锡康，祝坤福，王会娟，等.2015.2015年中国GDP增长速度预测与分析.见：中国科学院预测科学研究中心.2015中国经济预测与展望.北京：科学出版社：3-13.

段志刚，侯宇鹏，王其文.2007.北京市工业部门用水分析.工业技术经济，(4)：47-49.

范群芳，董增川，杜芙蓉.2007.农业用水和生活用水效率研究与探讨.水利学报，(S1)：465-469.

方创琳.2001.区域可持续发展与水资源优化配置研究.自然资源学报，16(4)：341-347.

房斌，关大博，廖华，等.2011.中国能源消费驱动因素的实证研究：基于投入产出的结构分解分析.数学的实践和认识，41(2)：65-77.

冯杰.2010.中美两国用水比较分析.中国水利，(1)：41-44.

冯耀龙，韩文秀，王宏江，等.2003.面向可持续发展的区域水资源优化配置研究.系统工程理论与实践，23(2)：133-138.

甘泓，尹明万.2003.新疆经济发展与水资源合理配置及承载能力研究.郑州：黄河水利出版社.

高媛媛，许新宜，王红瑞，等.2013.中国水资源利用效率评估模型构建及应用.系统工程理论与实践，33(3)：776-784.

顾文权，邵东国，黄显峰，等.2008.水资源优化配置多目标风险分析方法研究.水利学报，39(3)：339-345.

郭磊，张士峰.2004.北京市工业用水节水分析及工业产业结构调整对节水的贡献.海河水利，(3)：55-58.

侯景伟，孔云峰，孙九林.2012.基于多目标鱼群-蚁群算法的水资源优化配置.资源科学，33(12)：2255-2261.

互联网.2014-09-09.铜业污染：对下游电缆行业的警示.http://www.chinairn.com/news/

20140909/181641279. shtml.

贾金生，马静，杨朝晖，等.2012.国际水资源利用效率追踪与比较.中国水利，(5)：12-17.

姜国辉，张如强，李玉清，等.2012.基于水市场的水权水资源税博弈分析.中国农村水利水电，(5)：160-162.

李秉文，杜梅.1996.苷培茨模型在工业废水排放量预测中的应用研究.中国东北水利水电，(12)：33-37.

李长嘉，潘成忠，雷宏军，等.2013.1992～2008年我国工业废水排放变化效应.环境科学研究，(26)：569-575.

李磊，潘慧玲.2011.我国工业废水排放量的多元非线性回归预测.江南大学学报，(6)：309-313.

李寿声.1986.多重水资源联合运用非线性规划灌溉模型.水利学报，6：11-20.

李微敖.2013-11-16."单独二胎"政策启动每年可能多生100万人.21世纪经济报道.

李巍，陈俊旭，于磊，等.2011.中国水资源优化配置研究进展.海河水利，(1)：5-8.

李云峰，冯小铭，张泰丽，等.2010.城市发展过程中用水量预测研究.中国农村水利水电，(5)：11-14.

廖永松.2009.灌溉水价改革对灌溉用水、粮食生产和农民收入的影响分析.中国农村经济，(1)：39-49.

刘秀丽，陈锡康.2003a.生产用水和工业用水影子价格计算模型和应用.水利水电科技进展，23(4)：14-17.

刘秀丽，陈锡康.2003b.投入产出分析在我国九大流域水资源影子价格计算中的应用.管理评论，15(1)：49-53.

刘秀丽，陈锡康，张红霞，等.2009.水资源影子价格计算和预测模型研究.中国人口·资源与环境，19(2)：162-165.

刘治学，张鑫，王颖华.2012.包头市市区居民生活用水量预测分析.水资源与水工程学报，23(5)：67-70.

卢正波，李文义.2012.青岛市工业需水量预测.南水北调与水利科技，10(2)：110-112.

马静，陈涛，申碧峰，等.2007.水资源利用国内外比较与发展趋势.水利水电科技进展，7(1)：6-10.

满朝旭.2014-09-30.截至2013年底 全国有效灌溉面积达9.52亿亩.http://finance. chinanews. com/ny/2014/09-30/6646211. shtml.

毛春梅.2005.工业用水量的价格弹性计算.工业用水与废水，36(6)：1-4.

钱正英，张光斗.2001.中国可持续发展水资源战略研究综合报告及各专题报告——中国可持续发展水资源战略研究报告集(第1卷).北京：中国水利水电出版社.

秦长海，甘泓，张小娟，等.2012.水资源定价方法与实践研究Ⅱ：海河流域水价探析.水利学报，43(4)：429-436.

萨缪尔林 P.1992.经济分析基础.费方域，金菊平译.北京：商务印书馆.

商崇菊，高峰，郝志斌，等.2008.南水北调中线工程用水户水价承受能力分析.人民黄河，30(12)：62-64.

沈大军，梁瑞驹，王浩，等 . 1998. 水资源价值 . 水利学报，5：10-13.

沈菊琴，陆庆春，杜晓荣 . 2002. 从经济角度探讨水价的制定 . 中国水利，(1)：57-58.

侍翰生，程吉林，方红远，等 . 2013. 基于动态规划与模拟退火算法的河-湖-梯级泵站系统水资源优化配置研究 . 水利学报，(1)：91-96.

舒诗湖，向高，何文杰，等 . 2009. 灰色模型在城市中长期用水量预测中的应用 . 哈尔滨工业大学学报，41(2)：85-87.

水利部农村水利司 . 2013-03-06. 新增高效节水灌溉面积 1000 万亩以上——水利部农村水利司数解2012. 中国水利报 . http://www. chinawater. com. cn/ztgz/xwzt/sj2012/201203/t20120306_215529. html.

宋建军，张庆杰，刘颖秋 . 2004. 2020 年我国水资源保障程度分析及对策建议 . 中国水利，(09)：14-17.

孙才志，谢巍 . 2011. 中国产业用水变化驱动效应测度及空间分异 . 经济地理，(4)：666-672.

孙小玲，钟勇 . 2011. 海河流域国民经济用水边际效益初探 . 水利发展研究，(11)：34-37.

孙勇，徐祖信 . 2008. 用水量预测模型影响因子综合分类及其作用评价 . 上海环境科学，27(4)：175-177.

唐志鹏，付雪，周志恩 . 2008. 我国工业废水排放的投入产出重要系数确定研究 . 中国人口·资源与环境，(5)：123-127.

佟金萍，马剑锋，刘高峰 . 2011. 基于完全分解模型的中国万元 GDP 用水量变动及因素分析 . 资源科学，(10)：1870-1876.

童芳芳，郭萍 . 2013. 考虑径流来水不确定性的灌溉用水量预测 . 农业工程学报，29(7)：66-75.

汪党献，梁瑞驹，马静 . 2000. 21 世纪我国流域发展格局展望 . 水资源论坛，4(28)：15-23.

汪党献，王浩，尹明万 . 1999. 水资源水资源价值水资源影子价格 . 水科学进展，(2)：195-200.

汪林，甘泓，谷军方，等 . 2010. 海河流域水经济价值特征辨析 . 水利学报，41(6)：646-652.

王霭景，李继清，沈笛 . 2013. 基于分质供水的多目标水资源优化配置 . 水电能源科学，31(2)：35-38.

王凤仙，李树平，陶涛 . 2009. 城市污水量预测模型及方法综述 . 河南科学，(4)：483-487.

王浩，王建华，秦大庸 . 2004. 流域水资源合理配置的研究进展与发展方向 . 水科学进展，15(1)：123-128.

王金霞，刘亚克，李玉敏 . 2013. 农业节水技术采用 . 水利经济，31(2)：45-49.

王克强，刘红梅，黄智俊 . 2007. 我国灌溉水价格形成机制的问题及对策 . 经济问题，(1)：25-27.

王立正 . 2004. 人民胜利渠灌区水资源优化配置模式探讨 . 人民黄河，26(9)：26-28.

王丽芳，吴纯德，阮梅芝，等 . 2008. 综合增长指数法在工业废水排放量预测中的应用 . 工业用水与废水，(3)：5-7.

王帅，孙月峰 . 2012. 基于耦合逐步回归的 PLS 模型城市用水量预测 . 安全与环境学报，12(4)：170-173.

王顺久，侯玉．2002．中国水资源优化配置研究的进展与展望．水利发展研究，2(9)：9-11.

王天凯．2014-10-29．中国纺织工业的现实与未来．中国纺织经济信息网．http://xiehui.ctei.cn/xh_jianghua/201410/t20141029_1859082.htm.

王伟荣，张玲玲，王宗志．2014．基于系统动力学的区域水资源二次供需平衡分析．南水北调与水利科技，12(1)：54-57.

王莹，陈远生，翁建武，等．2008．北京市城市公共生活用水特征分析，给水排水，34(11)：138-143.

王战平，田军仓．2013．基于粒子群算法的区域水资源优化配置研究．中国农村水利水电，(1)：7-10.

王铮，冯皓洁，许世远．2001．中国经济发展中的水资源安全分析．中国管理科学，9(4)：47-56.

吴恒安．1997．应用分解成本法测算水的影子价格．水利经济，(1)：41-50.

吴泽宁．1990．经济区水资源优化分配的多目标投入产出模型．郑州大学学报(工学版)，3：81-86.

谢红彬，刘兆德，陈雯．2004．工业废水排放的影响因素量化分析．长江流域资源与环境，(4)：394-398.

徐丽萍，王立，李金林．2012．基于隐含能的行业完全能源效率评价模型研究．中国环境科学，32(11)：2095-2102.

许兆杰．2006．北京市工业与主要行业用水发展趋势及对策研究．北京建筑工程学院硕士学位论文．

薛冰，宋新山，严登华．2012．基于系统动力学的天津市水资源模拟及预测．南水北调与水利科技，9(6)：43-47.

阎伍玖，桂拉旦，桂清波，等．2008．等维灰数递补动态模型在废水排放量预测中的应用研究．环境科学与管理，(1)：16-17.

余鹏飞，金宏智，严海军，等．2013．东北四省区"节水增粮行动"实施过程中的几个问题与建议．节水灌溉，8：60-62.

袁宝招．2006．水资源需求驱动因素及其调控研究．河海大学博士学位论文．

袁鹏，张英群，刘海洋．2013．中国能源生产率变化的因素分解——基于DEA的分析框架．管理评论，25(9)：86-99.

岳立，赵海涛．2011．环境约束下的中国工业用水效率研究——基于中国13个典型工业省区2003年—2009年数据．资源科学，33(11)：2071-2079.

宰松梅，郭冬冬，温季．2009．基于最小二乘支持向量机的人民胜利渠灌区灌溉用水量预测．中国农村水利水电，(12)：49-51.

曾祯，潘恒．1999．浅谈运用影子价格理论制定水价．技术经济研究与管理，(4)：38-39.

翟春健，张宏伟，王亮．2009．工业生产函数法用于城市工业用水量预测的研究．天津工业大学学报，28(5)：79-81.

张国辉，高婕，郑苗．2012．滦河流域节水潜力估算．水科学与工程技术，(2)：16-19.

张宏伟，陆仁强，牛志广．2009．基于分形理论的城市日用水量预测方法．天津大学学报，42

（1）：56-59.

张金水 . 2000. 中国六部门可计算非线性动态投入产出模型的平衡增长解 . 系统工程理论与实践，20(9)：35-40.

张薇，邹志红，王惠文 . 2010. 城市日用水量预测模型及其应用 . 系统工程 ，(3)：93-97.

张伟，朱明琪，黄丹丹，等 . 2010. 应用层次分析法确定城市生活污水排放量影响因素的权值 . 环境科学与管理，(3)：54-57.

张伟，朱启贵 . 2012. 基于 LMDI 的我国工业能源强度变动的因素分解——对我国 1994～2007年工业部门数据的实证分析 . 管理评论，24(9)：26-34.

张晓萍，陈梦玉 . 2001. 水价格与可持续发展 . 中国人口·资源与环境，11(51)：6-7.

张艳玲 . 2014-03-07. 全国 400 多地级以上城市缺水 农村饮水污染严重 . 中国网 . http://news. china. com. cn/2014lianghui/2014-03/07/content _ 31708717. htm.

张志乐 . 1999. 水作为供水项目产出物的影子价格测算理论和方法 . 水利科技与经济，5(1)：8-14.

赵光滨 . 1997. 影子价格研究 . 黑龙江水利科技，(2)：108-109.

赵景文 . 1995. 影子价格分析 . 经济管理与干部教育，(2)：6-11.

郑在洲，耿雷华，常本春，等 . 2004. 工业节水潜力计算方法探讨 . 水利水电技术，35(1)：71-74.

中国工程院"21 世纪中国可持续发展水资源战略研究"项目组 . 2000. 中国可持续发展水资源战略研究综合报告 . 中国工程科学，2(8)：1-17.

中国环境保护产业协会水污染治理委员会 . 2012. 我国水污染治理行业 2011 年发展综述 . 中国环保产业，(10)：7-13.

中国科学可持续发展战略研究组 . 2007. 2007 年中国可持续发展战略报告——水：治理与创新 . 北京：科学出版社 .

中国科学院预测科学研究中心 . 2013. 2013 中国经济预测与展望 . 北京：科学出版社 .

中国科学院预测科学研究中心 . 2014. 2014 中国经济预测与展望 . 北京：科学出版社 .

朱启荣 . 2007. 中国工业用水效率与节水潜力实证研究 . 工业技术经济，26(9)：48-51.

祖国斌 . 2014-09-29. 到 2020 年全国节水灌溉工程面积将达全国有效灌溉面积 60% 以上 . http://gb. cri. cn/42071/2014/09/29/107s4711511. htm.

左其亭 . 2006. 论水资源承载能力与水资源优化配置之间的关系 . 水利学报，36(11)：1286-1291.

左其亭 . 2008. 人均生活用水量预测的区间 S 型模型 . 水利学报，39(3)：351-354.

Abolpour B，Javan M，Karamouz M. 2007. Water allocation improvement in river basin using adaptive neural fuzzy reinforcement learning approach. Applied Soft Computing，7(1)：265-285.

Ahmd J A，Sarma A K. 2005. Genetic algorithm for optimal operating policy of a multipurpose reservoir. Water Resources Management，19(2)：145-161.

Ajbar A H，Ali E M. 2013. Prediction of municipal water production in touristic Mecca city in Saudi Arabia using neural networks. Journal of King Saud University-Engineering Sciences，

27(1)：83-91.

Albrecht J，Francois D，Schoors K. 2002. A shapley decomposition of carbon emissions without residuals. Energy Policy，30(9)：727-736.

Ang B W. 2004. Decomposition analysis for policymaking in energy：which is the preferred method. Energy Policy，32(9)：1131-1139.

Ang B W. 2005. The LMDI approach to decomposition analysis：a practical guide. Energy Policy，33(7)：867-871.

Ang B W，Choi K H. 1997. Decomposition of aggregate energy and gas emission intensities for industry：a refined Divisia index method. Energy Journal，18(3)：59-73.

Ang B W，Liu F A. 2001. A new energy decomposition method：perfect in decomposition and consistent in aggregation. Energy，(26)：537-548.

Ang B W，Zhang F Q，Choi K H. 1998. Factorizing changes in energy and environmental indicators through decomposition. Energy，23(6)：489-495.

Bouhia H. 1998. Incorporating water into the input-output table. The Twelfth International Input-out Conference Paper.

Bouhia H. 2001. Water in the Macroeconomy：Integrating Economics and Engineering into an Analytical Model. Aldershot：Ashgate Publishing Limited.

Brent R J. 1996. Applied Cost-Benefit Analysis. Cheltenham：Edward Elgar Publishing Ltd.

Brown L R. 1995. Who Will Feed China. London：Earthscan Publications Limited.

Brown L R，Halweil B. 1998. China's water shortage could shake world food security. World Watch，11(4)：10-21.

Carter H O，Ireri D. 1970. Linkage of California-Arizona input-output models to analyze water transfer patterns. Applications of Input-Output Analysis，11(3)：139-168.

Chandramouli V，Raman H. 2001. Multiple reservoir modeling with dynamic programming and neural network. Journal of Water Resources Planning and Management，127(2)：89-98.

Chen X K. 2000. Shanxi water resource input-occupancy-output table and its application in Shanxi province of China. Thirteenth International Conference on Input-Output Techiques. Macerata，Italy.

Chen X K，Polenske K R. 1991. Application of Input-Output Analysis. Hongkong：Oxford University Press.

de Lange W J，Wise R M，Forsyth G G，et al. 2010. Integrating socio-economic and biophysical data to support water allocations within river basins：an example from the in Komati water management area in south Africa. Environmental Modeling & Software，25(1)：43-50.

Dietzenbancher E，Los B. 1997. Analyzing de composition analysis. In：Simonovits A，Steenge A E . Prices，Growth and Cycles. London：Macmillan：108-131.

Dietzenbacher E，Los B. 1998. Structural decomposition techniques：sense and sensitivity. Economics Systems Research，10(4)：307-323.

Dietzenbacher E，Velázquez E. 2007. Analyzing Andalusian virtual water trade in an input-output framework. Regional Studies，41(2)：185-196.

Duarte R，Chóliz J S，Bielsa J. 2002. Water use in the Spanish economy：an input-output approach. Ecological Economics，43(1)：71-86.

Duarte R，Pinilla V，Serrano A. 2014. Looking backward to look forward：water use and economic growth from a long-term perspective. Applied Economics，46(2)：212-224.

Ehrlich P R，Holdren J R. 1971. Impact of population growth. Science，26(11)：1212-1217.

Ehrlich P R，Holdren J R. 1972. Critique：one dimensional ecology. Bulletin of the Atomic Scientists，28(5)：16，18-27.

El-Din A G，Smith D W. 2002. A neural network model to predict the wastewater inflow incorporating rainfall events. Water Research，36(5)：1115-1126.

Fan Y，Xia Y. 2012. Exploring energy consumption and demand in China. Energy，40(1)：23-30.

Fang Q X，Ma L，Green T R，et al. 2010. Water resources and water use efficiency in the north China plain：current status and agronomic management options. Agricultural Water Management，97(8)：1102-1116.

Feng K，Siu Y L，Guan D，et al. 2012. Assessing regional virtual water flows and water footprints in the Yellow River basin，China：a consumption based approach. Applied Geography，32(2)：691-701.

Firat M，Turan M E，Yurdusev M A. 2010. Comparative analysis of neural network techniques for predicting water consumption time series. Journal of Hydrology，384(1)：46-51.

Gamal A，Din E I，Smith D W. 2002. A neural network model to predict the wastewater inflow incorporating rainfall events. Water Research，36(5)：1115-1126.

Geng Y，Zhao H Y，Liu Z，et al. 2013. Exploring driving factors of energy-related CO_2 emissions in Chinese provinces：a case of Liaoning. Energy Policy，60：820-826.

Haan M D. 2001. A structural decomposition analysis of pollution in the Netherlands. Economic Systems Research，13(2)：181-196.

Hassan R M. 2003. Economy-wide benefits from water-intensive industries in South Africa：quasi-input-output analysis of the contribution of irrigation agriculture and cultivated plantations in the Crocodile River catchment. Development Southern Africa，20(2)：171-195.

Herbertson P W，Dovey W J. 1982. The allocation of fresh water resources of a tidal estuary. Optimal Allocation of Water Resources，(7)：357-365.

Herrera M，Torgo L，Izquierdo J，et al. 2010. Predictive models for forecasting hourly urban water demand. Journal of Hydrology，387(1)：141-150.

Hoekstra R，van der Bergh J C J M. 2003. Comparing structural and index decomposition analysis. Energy Economics，25(1)：39-64.

Hu J L，Wang S C，Yeh F Y. 2006. Total-factor water efficiency of regions in China. Resources Policy，31(4)：217-230.

Huang J P. 1993. Industrial energy use and structural change：a case study of the People's Republic of China. Energy Economics，15(2)：131-136.

Julio S C，Rosa D. 2000. The economic impacts of newly irrigated areas in the Ebro Valley. Economic Systems Research，12(1)：83-98.

Kondo K. 2005. Economic analysis of water resources in Japan：using factor decomposition analysis based on input-output tables. Environmental Economics and Policy Studies，7(2)：109-129.

Kundzewicz Z W. 1997. Water resources for sustainable development. Hydrological Sciences，42(4)：467-480.

Leatherman J C. 1994. Input-output analysis of the Kickapoo river valley. Staff paper 94. 2. Center for Community Economic Development. Department of Agricultural Economics. University of Wisconsin-Madison/Extension.

Leontief W W. 1936. Quantitative input and output relations in the economic system of the United States. Review of Economic Statistics，18(3)：105-125.

Leontief W W. 1941. Structure of the American Economy. New York：Oxford University Press.

Leontief W W，Chenery H B，Clark P G. 1953. Studies in the Structure of the American Economy：Theoretical and Empirical Explorations in Input-Output Analysis. New York：Oxford University Press.

Liao H，Fan Y，Wei W M. 2010. What induced the decline of water intensity in Chinese industries：1996 to 2006？ 2010 International Conference on Management Science & Engineering (17th)，Melbourne，Australia.

Liu X. 2012. By sector water consumption and related economy analysis integrated model and its application in Hai River basin，China. Journal of Water Resource and Protection，4(5)：264-276.

Liu X，Chen X. 2008. Methods for approximating the shadow price of water in China. Economic Systems Research，20(2)：173-185.

Liu X，Chen X，Wang S. 2009. Evaluating and predicting shadow prices of water resources in China and its nine major river basins. Water Resources Management，23(8)：1467-1478.

Liu Z，Geng Y，Lindner S，et al. 2012. Uncovering China's greenhouse gas emission from regional and sectoral perspectives. Energy，45(1)：1059-1068.

Lofting E M，McGauhey P H. 1968. Economic Valuation of Water. An Input-Output Analysis of California Water Requirements，Contribution 116. Berkeley：University of California Water Resources Center.

Mckinney D C，Cai X. 2002. Linking GIS and water resource management models：an method object oriented method. Environmental Modeling and Software，17(5)：413-425.

Minx J C，Baiocchi G，Peters G P，et al. 2011. A "carbonizing dragon"：China's fast growing CO_2 emissions revisited. Environmental Science & Technology，45(21)：9144-9153.

Nasseri M，Moeini A，Tabesh M. 2011. Forecasting monthly urban water demand using extended Kalman filter and genetic programming. Expert Systems with Applications，38

(6)：7387-7395.

Norman，W，McCann I，Ghafri A A. 2008. On-farm labour allocation and irrigation water use：case studies among smallholder systems in arid regions. Irrigation and Drainage Systems，22：79-92.

Okadera T，Watanabe M，Xu K. 2006. Analysis of water demand and water pollutant discharge using a regional input-output table：an application to the city of Chongqing，upstream of the Three Gorges Dam in China. Ecological Economics，58(2)：221-237.

Perveen S，James L A. 2011. Scale invariance of water stress and scarcity indicators：facilitating cross-scale comparisons of water resources vulnerability. Applied Geography，31（1）：321-328.

RAND. 2002. China's continued economic progress：possible adversities and obstacles. Beijing：5th Annual CRF-RAND Conference.

Roca J，Serran M. 2007. Income growth and atmospheric pollution in Spain：an input-output approach. Ecological Economics，63(10)：230-242.

Rose A，Casler S. 1996. Input-output structural decomposition analysis：a critical appraisal. Economic Systems Research，8(1)：33-62.

Sasikumar K，Mujumdar P P. 1998. Fuzzy optimization model for water quality management of a river system. Journal of Water Resources Planning and Management，124(2)：79-88.

Sen Z，Altunkaynak A. 2009. Fuzzy system modelling of drinking water consumption prediction. Expert Systems with Applications，36(9)：11745-11752.

Shapley L. 1953. A value for n-person games. In：Kuhn H W，Tucker A W. Contributions to the theory of games. 2nd ed. Princeton：Princeton University：307-317.

Simonovic S P. 2002a. Global water dynamics：issues for the 21st Century. Water Science Technology，45(8)：53-64.

Simonovic S P. 2002b. World water dynamics：global modeling of water resources. Journal of Environmental Management，66(3)：249-267.

Sinton J E，Levine M D. 1994. Changing energy intensity in Chinese industry：the relative importance of structural shift and intensity change. Energy Policy，22(3)：239-255.

Thoss R，Wiik K. 1974. A Linear decision model for the management of water quality in the Ruhr. In：Rothenberg J，Heggie I G. The Management of Water Quality and the Environment. London：MacMillan：104-141.

Upmanu L. 1995. Yield model for screening surface and ground water development. Journal of Water Resources Planning and Management，21(3)：155-163.

Velázquez E. 2005. An input-output model of water consumption：analyzing intersectoral water relationships in Andalusia. Ecological Economics，56(2)：226-240.

Wang Y，Xiao H L，Lu M F. 2009. Analysis of water consumption using a regional input-output model：model development and application to Zhangye city，northwestern China. Journal of Arid Environments，73(10)：894-900.

Wang Z，Huang K，Yang S. 2013. An input-output approach to evaluate the water footprint and virtual water trade of Beijing, China. Journal of Cleaner Production，42：172-179.

Wong H S，Sun N Z. 1997. Optimization of conjunctive use of surface water quality constrains. Proceeding of the Annual Water Resources Planning and Management Conference，Sponsored by ASCE：408-413.

Xia J. 2010. Letter from IWRA President Jun Xia. Water International，35(3)：247-249.

Xu L，Liu S. 2013. Study of short-term water quality prediction model based on wavelet neural network. Mathematical and Computer Modelling，58 (3～4)：807-813.

Zaman A M，Malano H M，Davidson B. 2009. An integrated water trading-allocation model，applied to a water market in Australia. Agricultural Water Management，96(1)：149-159.

Zhang Z Y，Shi M J，Yang H. 2012. Understanding Beijing's water challenge：a decomposition analysis of changes in Beijing's water footprint between 1997 and 2007. Environmental Science & Technology，46(22)：12373-12380.

Zhang Z Y，Yang H，Shi M J. 2011a. Analysis of water footprint of Beijing in an interregional input-output framework. Ecological Economics，70(12)：2494-2502.

Zhang Z Y，Yang H，Shi M J，et al. 2011b. Analyses of impacts of China's international trade on its water resources and uses. Hydrology and Earth System Sciences Discussions，8(2)：3543-3570.

附 录

九大流域片水利投入占用
产出模型的研究与编制

投入产出技术由 1973 年诺贝尔经济学奖获得者、美国科学家 Wassily W. Leontief 所创立，目前世界上已有 100 多个国家和地区编制了投入产出表。此项技术主要用于分析国民经济各部门之间的相互联系。在 20 世纪 80 年代末，中国学者提出并编制了包含对自然资源、从业人员、固定资产和流动资金占用的投入占用产出表。

自 1970 年开始，环境保护和水资源短缺问题日益引起国内外的重视。许多科学家利用投入产出技术研究水资源和环境保护问题，编制了部分地区，如北京、山西、美国的加利福尼亚(California)和亚利桑那(Arizona)的水资源投入产出表。一方面，预计在 21 世纪，水资源短缺将成为制约中国，特别是中国北方地区社会经济发展和人民生活水平提高的一个重要因素；但另一方面，中国又面临着水灾的严重困扰。所以，解决水资源短缺和尽可能地减少水灾损失显得同等重要。因此，利用管理科学方法，特别是投入占用产出技术，来研究中国水利投资与国民经济发展之间的合理比例关系及 21 世纪水资源的合理分配和高效利用问题，具有重要的现实意义。

中国是一个幅员辽阔、地区间差别很大的国家。全国可分为九大流域片，即松辽河流域、海河流域、黄河流域、淮河流域、长江流域、珠江流域、东南诸河流域、西南诸河流域及内陆河流域。这九个流域片在水资源数量、洪涝干旱灾害频繁程度、水生态环境质量、人口数量和密度、经济社会发展程度和水资源供需矛盾方面存在巨大差别。流域间年产水模数差别很大。例如，西北内陆河流域多年平均产水模数仅为每平方千米 4.63 万立方米，海河流域、黄河流域分别为每平方千米 6.05 万立方米和 7.88 万立方米。海河流域、黄河流域及内陆河流域这三个流域是全国水资源最紧缺的地区。长江流域多年平均产水模数为每平方千米

62.29万立方米，珠江流域的则为每平方千米82.00万立方米，东南诸河流域为每平方千米93.91万立方米。2000年全国遇到特大干旱，东北三省粮食减产1 706万吨，减产幅度高达24.3%；华北五省粮食减产458万吨，减产幅度达8.5%。目前水资源缺乏已严重影响中国北部四个流域片，即黄河流域、海河流域、松辽河流域和淮河流域的经济社会发展。

　　本研究之前，世界各国所编制的投入产出表都是行政区域或行政区域间的投入产出表，如国家、省、市、县或国家间、地区间的投入产出表。从理论上说，既然投入产出技术可以应用到行政区域，编制国家、省、市和县投入产出表，能够利用行政区域投入产出表研究区域内部的经济联系等，那么投入产出技术也应当可以应用到自然区域，进而编制自然区域，如流域的投入产出表，并且可以利用流域投入产出表分析和研究流域中各个经济部门之间，以及经济部门与水利部门之间的联系。

　　受中国水利部与水利水电科学研究院的委托，中国科学院数学与系统科学研究院陈锡康研究员负责的水利部"水利与国民经济协调发展研究"项目的子课题组从2001年6月开始研究和编制全国九大流域片水利投入占用产出表。

　　课题组在2001年下半年开始编制九大流域片水利投入占用产出表，这项工作的主要技术难点具体如下。

　　第一个困难是2014年下半年我国只有按行政区域，即按省、市、自治区划分的地区投入产出模型，并且当时所有统计资料，包括各部门投入、占用、产出等的统计资料都是按行政区域收集和统计的，没有分流域的各种统计资料。行政区域与各大流域片有很大差别。一个省、县往往属于不同流域。如果要编制一个高质量的流域投入占用产出表，就必须要进行大规模抽样调查，收集各流域的统计数据，特别是收集各流域片水利部门的数据，这将需要2~3年的时间，并且至少需要经费5 000万元。由于时间和经费的限制，我们无法组织大规模调查，只能在现有统计资料和现有的各省市（区）投入产出表的基础上，通过利用有关方法进行编制。其优点是节省时间和经费，但精确度和质量显然比建立在大规模调查资料基础上得到的流域表要差。

　　第二个困难是各省市公布的统计数据与全国数据不一致。例如，我国1999年GDP公布数为81 910.90亿元，在《中国统计年鉴》上公布的31个省（自治区、直辖市，不包括港澳台地区）GDP数为87 671.11亿元[①]，相差5 760.21亿元，误差为7.03%。

　　进行此项工作的有利条件是2001年时国家和地方统计系统已经编制了1997年29个省市、自治区的投入产出表（除西藏、海南外）。可以充分利用这些行政

---

　　①　国家统计局．中国统计年鉴2000．北京：中国统计出版社，2000：53-61．

区域的投入产出表编制各大河流的流域片水利经济投入占用产出表，此外，课题组已承担和编制了 1999 年全国水利投入占用产出表，其模型框架和部门分类可以应用于流域间的投入占用产出表。

一、模型的设计与部门分类

1. 流域片水利投入占用产出模型

流域片水利投入占用产出模型与全国水利投入占用产出模型基本相同，其表式见表 1。

表 1　流域片水利投入占用产出表表式

投入、占用 ＼ 产出			中间使用				中间使用合计	最终需求	总产出 总用水 总占用
			非水利部门	水利部门					
				公益性	准公益性	经营性			
			1, 2, …, 39	40, 41, …, 51					
中间投入	非水利部门	1. 农业(不含淡水养殖业、生态林)　2. 煤炭采选业　⋮　39. 行政机关及其他行业	X_{ij}	T_{ij}			Y_i	X_i	
	水利部门	公益性	40. 防洪除涝河道整治水利建筑业　⋮　45. 供水及综合利用水利管理业　46. 污水处理业　47. 农业灌溉及农村居民供水业	X_{ij}	T_{ij}			Y_i	X_i
		准公益性							
		经营性	48. 城市及工业供水业　⋮　51. 淡水养殖业						
	中间投入合计								
	最初投入		V_j	V_j					
	总投入		X_j	X_j					
水的投入	用水量/百万立方米		W_j	W_j					
	地表水								
	地下水								
	总用水/百万立方米								
	废水排放/百万立方米								
占用	从业人员		L_j	L_j					
	固定资产		D_j	D_j					
	流动资金								

2. 模型的主要特点

第一，水利投入占用产出表不仅是流域片水资源投入产出表，而且是流域片水利投入产出表。

迄今为止，在国际和国内已经有若干专家利用投入产出技术进行水利研究。例如，Carter 和 Ireri[1] 利用地区间投入产出模型研究美国加利福尼亚和亚利桑那两州对科罗拉多（Colorado）河水的利用问题。Bouhia[2] 在第 12 届国际投入产出技术会议上提出把水资源的生产（提取及回用）和使用作为独立的生产部门列入投入产出表，Xie 等[3]编制和发表了北京市水资源投入产出表，部分学者曾经编制过华北地区及新疆的水资源投入产出表，陈锡康等受世界银行集团的委托于1994 年编制过山西省水资源投入产出表。但这些都是水资源投入产出表，而不是水利投入产出表。这些表只研究和反映水资源的利用和分配情况，而不能反映水利建设和水生态环境保护等情况。也就是说，过去编制的水资源投入产出表只能部分反映水利的资源保障作用，而不能反映水利部门的社会保障和生态保障作用。在课题组所编制的流域片水利投入占用产出表中除水资源投入产出表所包含的用水量、污水排放量等内容外，更重要的是，该表将水利部门分为防洪除涝河道整治水利建筑业、防洪除涝河道整治水利管理业、水利生态环境建筑业等 12个部门，不仅可以详细研究水资源的利用情况和水污染状况，而且可以研究和分析水利建设情况、水生态环境保护情况，这在我国和世界上均属首次。

第二，该表不是通常的投入产出表，而是包括占用部分的投入占用产出表。它是投入产出表的一种发展和扩展，它不仅研究流量之间的关系，而且可以研究流量与存量之间的关系。利用该表可详细分析各部门，包括水利部门占用的固定资产数额、流动资金数额和占用的从业人员情况等。

第三，流域片水利投入占用产出表与全国投入占用产出表的主要差别是，表中生产部门及最终使用部门等都不是属于某个行政区域，而是属于某个河流流域。

总之，这是一项有特色的研究，是一项在理论方法上具有很多创新的科研工作。

3. 部门分类

如同全国水利投入占用产出表一样，流域片水利投入占用产出表中水利部门按如下三个原则进行。

---

[1]　Carter H O，Ireri D. Linkage of California-Arizona input-output models to analyze water pattern. Applications of Input-Output Analysis，1970，11(3)：139-168.

[2]　Bouhia H. Incorporating water into the input-output table. The Twelfth International Input-Output Conference Paper，1998.

[3]　Xie M，Nie G，Jin X. Application of an input-output model to the Beijing urban water-use system. *In*：Polenske K R，Chen X K. Chinese Economic Planning and Input-Output Analysis. Hong Kong：Oxford University Press，1991.

第一，所有水利部门分为三类：①公益性部门；②准公益性部门；③经营性部门。在市场经济条件下，公益性部门主要由国家(中央和地方政府)投资。准公益性部门则一部分由政府投资，另一部分由经营部门投资。经营性部门如水力发电、自来水供给、内河航运、淡水养殖等，主要由经营部门投资。陈锡康研究员负责的子课题专题主要研究对公益性水利部门的投资。

第二，编制水利投入占用产出表的目的是应用。水利对国家可持续发展的作用，集中体现在三个保障作用中，即社会保障、资源保障和生态环境保障。在流域片水利部门设置时要便于研究和分析水利在三个保障上的投入情况及其发挥的作用。

第三，对水利部门的投入可分为两大类：①建筑性活动，如修建堤防、水库、桥闸等；②非建筑业活动，如对水利设施管理的投入等。前者的作用是长期性和基础性的，后者主要是为前者服务。根据世界各国通用的投入产出表的编制原则，必须把建筑活动和非建筑活动区别开。

根据以上水利部门划分，课题组编制的水利投入占用产出表的部门共有 51 个部门，其中 12 个水利部门。分类目录见表 2。

表 2　流域片水利投入占用产出表的部门分类

部门	序号	部门分类
	1	农业(不含淡水养殖业、生态林)
	2	煤炭采选业
	3	石油和天然气开采业
	4	金属矿采选业
	5	非金属矿采选业
	6	食品制造及烟草加工业
	7	纺织业
	8	服装皮革羽绒及其他纤维制品制造业
	9	木材加工及家具制造业
非水利部门	10	造纸印刷及文教用品制造业
	11	石油加工及炼焦业
	12	化学工业
	13	非金属矿物制品业
	14	金属冶炼及压延加工业
	15	金属制品业
	16	机械工业
	17	交通运输设备制造业
	18	电气机械及器材制造业
	19	电子及通信设备制造业

续表

部门		序号	部门分类
非水利部门		20	仪器仪表及文化办公用机械制造业
		21	机械设备修理业
		22	其他制造业
		23	废品及废料
		24	电力及蒸汽热水生产和供应业
		25	煤气生产和供应业
		26	建筑业(不含水利建筑业)
		27	货物运输及仓储业(不含淡水运输业)
		28	邮电业
		29	商业
		30	饮食业
		31	旅客运输业(不含淡水客运业)
		32	金融保险业
		33	房地产业
		34	社会服务业(不含污水处理)
		35	卫生体育和社会福利业
		36	教育文化艺术及广播电影电视业
		37	科学研究事业
		38	综合技术服务业(不含水生态和水利管理)
		39	行政机关及其他行业
水利部门	公益性	40	防洪除涝河道整治水利建筑业
		41	防洪除涝河道整治水利管理业
		42	水利生态环境建筑业
		43	水利生态环境建设(非建筑业)
		44	专用水源工程及水电特定水库建筑业
		45	供水及综合利用水利管理业
	准公益性	46	污水处理业
		47	农业灌溉及农村供水业
	经营性	48	城市及工业供水业
		49	水力发电
		50	内河航运业
		51	淡水养殖业

二、表的编制

1. 九大流域片的行政分区

根据水利水电科学研究院有关专家的意见，全国划分为九大流域片，即松辽河流域片、海河流域片、黄河流域片、淮河流域片、长江流域片、珠江流域片、东南诸河流域片、西南诸河流域片及内陆河流域片。目前这些流域所包含的地区基本上是明确的，但并未严格界定。

课题组在编制流域片投入占用产出表时遇到的第一个问题就是每个流域片应当包含哪些行政区域，如包含哪些省、市、地区、县、乡等。由于现有统计资料都是按行政区域收集和汇总的，确定了各个流域片所包含的行政区域，课题组就可以利用现有的行政区域统计资料来确定流域片的各种重要指标的数值。在编表过程中，课题组发现目前很多单位所掌握的流域分区资料都比较粗略。课题组在编表过程中根据征求的一些专家和省统计局及省有关部门意见不断进行补充和修改。课题组在编制九大流域片时所采用的各省、自治区、直辖市的流域分布情况见表3。各流域片分区具体到县，如长江流域片跨19个省、自治区和直辖市(表4)。

表 3　各省、自治区、直辖市流域分布

流域片 地区	海河 流域片	淮河 流域片	黄河 流域片	内陆河 流域片	长江 流域片	松辽河 流域片	东南诸河 流域片	珠江 流域片	西南诸河 流域片	所属流域 片数目/个
北京	Y									1
天津	Y									1
河北	Y			Y		Y				3
山西	Y		Y							2
内蒙古	Y		Y	Y		Y				4
辽宁	Y					Y				2
吉林						Y				1
黑龙江						Y				1
上海					Y					1
江苏		Y			Y					2
浙江					Y		Y			2
安徽		Y			Y		Y			3
福建					Y		Y	Y		3
江西					Y			Y		2
山东	Y	Y	Y							3

续表

流域片 地区	海河 流域片	淮河 流域片	黄河 流域片	内陆河 流域片	长江 流域片	松辽河 流域片	东南诸河 流域片	珠江 流域片	西南诸河 流域片	所属流域 片数目
河南	Y	Y	Y		Y					4
湖北		Y			Y					2
湖南					Y			Y		2
广东					Y			Y		2
广西					Y			Y	Y	3
海南								Y		1
重庆					Y					1
四川			Y		Y					2
贵州					Y			Y		2
云南					Y			Y	Y	3
西藏				Y	Y				Y	3
陕西			Y		Y					2
甘肃			Y	Y	Y					3
青海			Y	Y	Y				Y	4
宁夏			Y							1
新疆				Y						1
合计	8	5	9	6	19	5	3	8	4	

注：Y指该地区属于对应流域片

表4 长江流域片行政分区(跨19个省级行政单位)

省级行政区	地区级	县级
青海	玉树藏族自治州	玉树、称多、曲麻莱、治多
	果洛藏族自治州	班玛
西藏	昌都地区	江达、芒康、贡觉
云南	昆明市	安宁市、晋宁、富民、呈贡、嵩明、禄劝、寻甸
	曲靖市	会泽、马龙
	昭通地区(全部)	
	丽江地区(全部)	
	楚雄彝族自治州	永元、元谋、楚雄市(50)
	大理白族自治州	宾川、鹤庆、祥云
	迪庆藏族自治州	中甸、德钦、维西

省级行政区	地区级	县级
四川	成都（全部）	
	泸州	泸县、合江、古蔺、叙永
	自贡（全部）	
	德阳（全部）	
	攀枝花（全部）	
	绵阳（全部）	
	内江	资中、威远、隆昌
	遂宁（全部）	
	广元（全部）	
	乐山	峨眉山、夹江、井研、建为、沐川、峨边、马边
	宜宾（全部）	
	南充（全部）	
	广安	华蓥市、岳池、武胜、邻水
	雅安（全部）	
	眉山	眉山、青神、丹棱、仁寿、洪雅、彭山
	达川（全部）	
	巴中（全部）	
	资阳	资阳、简阳、乐至、安岳
	阿坝	马尔康、黑水、理县、镶塘、九寨沟、松潘、全川、小金、阿坝、若尔盖、汶川、茂县
	凉山（全部）	
	甘孜（全部）	
重庆	（全部）	
贵州	贵阳市	清镇、开阳、息烽、修文
	遵义（全部）	
	安顺地区	安顺市、安顺(50)、平坝、普定
	铜仁地区（全部）	
	毕节地区（全部）	
	黔南	福泉、瓮安、龙里、贵定
	黔东南	凯里、麻江、施秉、镇远、三惠、岑巩、天柱、锦屏、黄平、台江、剑河、黎平(50)、雷山
甘肃	天水（全部）	
	陇南（全部）	
	甘南	舟曲、迭部

续表

省级行政区	地区级	县级
湖北	武汉（全部）	
	黄石（全部）	
	宜昌（全部）	
	襄樊（全部）	
	十堰（全部）	
	鄂州（全部）	
	荆门（全部）	
	黄冈（全部）	
	孝感	除大悟县
	荆州（全部）	
	咸宁（全部）	
	恩施（全部）	
	省直	随州、仙桃、天门、潜江、神农架
湖南	长沙市（全部）	
	株洲市（全部）	
	湘潭市（全部）	
	衡阳市（全部）	
	邵阳市（全部）	
	岳阳市（全部）	
	常德（全部）	
	张家界（全部）	
	永州（全部）	
	郴州	资兴、嘉禾、桂阳、安仁、桂东、永兴、汝城、临武
	怀化（全部）	
	益阳（全部）	
	娄底地区（全部）	
	湘西（全部）	
江西	南昌市（全部）	
	景德镇（全部）	
	萍乡（全部）	
	新余（全部）	
	鹰潭（全部）	
	九江市（全部）	
	赣州	除定南、寻乌以外所有县
	宜春地区（全部）	
	抚州（全部）	
	上饶地区（全部）	

续表

省级行政区	地区级	县级
陕西	吉安地区(全部)	
	宝鸡	凤县、太白
	汉中(全部)	
	商洛	商州、商南、山阳、柞水、镇安、丹凤
	安康地区(全部)	
河南	三门峡	卢氏(74.6)
	南阳	邓州、南昭、西峡、镇平、内乡、淅川、社旗、唐河、新野、方城(50)
	驻马店	泌阳(60)
广西	桂林市	全州、灌阳、资源、兴安
广东	韶关	南雄
安徽	合肥	肥东、肥西
	马鞍山市(全部)	
	铜陵市(全部)	
	芜湖市(全部)	
	安庆(全部)	
	黄山	黄山区、祁门县
	滁州市	金椒、来安
	宣城地区	不包括绩溪县
	巢湖市(全部)	
	六安市	舒城
	池州地区(全部)	
江苏	南京(全部)	
	镇江(全部)	
	扬州	仪征、邗江
	泰州	泰兴、靖江、姜堰
	常州(全部)	
	无锡(全部)	
	苏州(全部)	
	南通	如皋、通州、海门、启东、
上海	(全部)	
浙江	嘉兴(全部)	
	湖州(全部)	
	杭州	余杭、临安
福建	南平	浦城(10)、光泽(9)
	龙岩	长汀(7)、武平(8)

注：括号内的数字表示该地区属于长江流域片的区域面积百分比

2. 编表的主要步骤

编制全国九大流域片水利投入占用产出表的工作主要分为以下七个步骤进行。

第一步，在 1997 年 29 个省市自治区投入产出表的基础上，编制 1999 年 31 个省（自治区、直辖市，不包括港澳台地区）49 部门投入产出延长表。这是一项工作量很大的工作，需收集 1999 年 31 个省（自治区、直辖市，不包括港澳台地区）的大量统计数据。编制过程中应用改进的 RAS[①] 法进行。

第二步，把 1999 年各省市自治区投入产出表按流域进行剖分，分解为各省市自治区分流域投入产出表。例如，内蒙古自治区按流域可划分为松辽河流域、海河流域、黄河流域和内陆河四块，课题组就把内蒙古投入产出表分解为内蒙古松辽河流域、内蒙古海河流域、内蒙古黄河流域和内蒙古内陆河的投入产出表。这是一项工作量很大的任务。如何进行分解呢？课题组在编制工作中采用按各列中主要指标进行分解的方法，如第 1 部门为农业（不含淡水养殖业、生态林），第 2 部门为煤炭采选业。根据 1999 年某个省的分县农业增加值和煤产量的统计数据及各流域的行政分区表，课题组可以近似地确定该省中各流域的农业增加值数值和各流域的煤产量，由此把省投入产出表中农业列和煤炭采选业列分别剖分为该省各流域投入产出表的农业部门列和煤炭采选业列。

第三步，编制和调整全国九大流域片投入占用产出表，把各省市自治区同一流域片的投入产出表加以合并，即可得到全国九大流域片投入产出表（包含 49 个生产部门）。

长期以来，我国统计工作中存在的一个问题是各省市自治区部分统计资料与全国数据不匹配。例如，1999 年全国 GDP 为 81 910.9 亿元，而 31 个省（自治区、直辖市，不包括港澳台地区）地区生产总值之和为 87 671.1 亿元[②]，即各地区之和较全国合计数大 5 760.2 亿元（误差为 7.03%）。为使全国 1999 年水利投入占用产出表中 GDP 的数值等于 1999 年九大流域片水利投入占用产出表之和，课题组对全国九大流域片水利投入产出表进行了修改和调整。

第四步，收集各省市自治区和各流域 12 个水利部门数据，在九大流域片一般性投入产出表基础上，编制 1999 年九大流域片 51 个部门水利投入产出表。

第五步，收集各省市及各流域用水量等资料，编制 1999 年全国九大流域片 51 个部门水利投入产出表中的水资源利用和废水排放部分。

第六步，收集各省市和各流域从业人员、固定资产、流动资金数据，编制全

---

① R 是指 Row，A 是指直接消耗系数矩阵，S 是指列，是计算公式中的字母。该法的别称为 bipriportional scaling method，即双比例尺度法。

② 国家统计局. 中国统计年鉴 2000. 北京：中国统计出版社，2000.

国九大流域片水利投入占用产出表中的占用部分。

第七步，对九大该域片水利投入占用产出表进行修改和调整。

此外，课题组并收集各省市和各流域有关数据，编制全国九大流域片主要指标汇总表。包括各流域 1999 年地区生产点值、三大产业和各部门增加值、从业人员、固定资金和流动资金等。

编制全国九大流域片水利投入占用产出表是一项工作量极大的工作，包含编制我国 31 个省（自治区、直辖市，不包括港澳台地区）1999 年投入占用产出表及按流域进行分解等工作，编表的主要步骤，如图 1 所示。

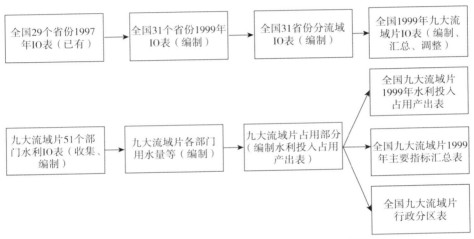

图 1　九大流域片水利投入占用产出表的编制步骤
注：IO 表示投入产出（input-output）

为编制 1999 年全国九大流域片水利投入占用产出表，需编制我国 31 个省（自治区、直辖市，不包括港澳台地区）1999 年按流域剖分的投入产出表，并需要收集各省市各部门的从业人员、固定资产、流动资金，新鲜水使用量和污水排放量等资料，需要克服一系列困难。整个编制工作是一项系统工程，其最终成果有三个，即得到如下内容。

(1)1999 年全国九大流域片水利投入占用产出表。

(2)1999 年全国九大流域片主要指标汇总表。

(3)全国九大流域片行政分区表。

全国九大流域片水利投入占用产出表的编制是水利部"水利与国民经济协调发展"项目的基础研究内容，本研究在项目验收中得到了同行专家的高度评价。以李京文院士为组长的验收专家组对"全国九大流域片水利投入占用产出模型研究"专题的验收评价是："本专题采用水利投入占用产出模型设计和编制 1999 年全国九大流域片的水利投入占用产出表。这项工作在国内外均属首创。"徐乾清院士为组长的专家组的相关评价意见是："创建了能够系统描述体现 12 项功能的水利行业对国民经济的作用和相互关系的水利投入占用产出模型，编制了国内外第一份全国和九大流域 51 部门水利投入占用产出表……总体达到国际水平。"基于陈锡康为主提出的全国九大流域片水利投入占用产出表的编制方法，刘秀丽、韩一杰（硕士，2009～2012 年就读于中国科学院数学与系统科学研究院）、邹璀、张标等后续编制了 2002 年和 2007 年全国九大流域片水利投入占用产出表。这些表已被广泛应用在全国和分流域水资源管理相关问题的研究中。